U0211712

小球藻功能成分制备及产品开发

马艳莉　著

哈尔滨工业大学出版社

内 容 简 介

小球藻为药食同源的藻类植物，多糖是其重要的生物活性成分之一，具有加速排毒、平衡酸碱、增强免疫等作用。但原料种类繁多、多糖结构复杂、分离与纯化技术差异大等使得小球藻多糖的特性尚未完全探明。此外，小球藻类产品仍存在腥味浓、难吞咽、消化率低等问题。本书以小球藻粉为主要原料，利用复合酶法提取小球藻粗多糖，对其进行分离纯化后，采用现代化分析技术揭示不同纯化多糖组分之间的特性差异，并介绍小球藻多糖、多肽口服液，小球藻面条等产品的制备工艺与基本性质，旨在为小球藻多糖应用与新产品研发提供理论依据与参考。

本书可作为高等院校和中高职院校食品、生物相关专业的参考用书，又可作为食品、生物相关专业培训机构用书，同时可供相关行业的技术人员参考。

图书在版编目（CIP）数据

小球藻功能成分制备及产品开发/马艳莉著. — 哈尔滨：哈尔滨工业大学出版社，2021.9（2024.6 重印）

ISBN 978-7-5603-9667-5

Ⅰ. ①小… Ⅱ. ①马… Ⅲ. ①小球藻属-制备②小球藻属-产品开发 Ⅳ.①Q949.21

中国版本图书馆 CIP 数据核字（2021）第 191520 号

策划编辑		王桂芝
责任编辑		李青晏
出版发行		哈尔滨工业大学出版社
社　　址		哈尔滨市南岗区复华四道街 10 号　邮编 150006
传　　真		0451-86414749
网　　址		http://hitpress.hit.edu.cn
印　　刷		辽宁新华印务有限公司
开　　本		720 mm×1 000 mm　1/16　印张 11.75　字数 210 千字
版　　次		2021 年 9 月第 1 版　2024 年 6 月第 2 次印刷
书　　号		ISBN 978-7-5603-9667-5
定　　价		78.00 元

（如因印装质量问题影响阅读，我社负责调换）

前　　言

　　小球藻作为一种单细胞藻类，具有丰富的营养价值和药用价值。国内外对蛋白核小球藻的生物活性成分（如多糖、多肽、糖蛋白等）进行了广泛研究，本书在此基础上进一步扩展了小球藻的食用和药用价值。

　　随着对小球藻多糖的不断深入研究，虽然已有文献报道称小球藻多糖具有免疫、抗癌以及降血糖等生物活性功能，但对于小球藻多糖的研究与利用主要还存在以下几方面问题：

　　（1）多糖的提取、分离纯化是研究小球藻多糖结构、理化及其他性质的物质基础。目前，关于小球藻多糖的研究还不够深入，仍存在多糖提取率低、分离纯化难、工作周期长等问题。

　　（2）大多数研究局限于小球藻多糖的生物活性，而对多糖的微观形态、热力学性质及流变特性等研究鲜有报道。

　　（3）我国也是藻类生产大国之一，但小球藻类食品的产品形式主要以藻片、藻粉、胶囊等为主，而且存在食品种类匮乏、加工层次偏低、附加值不高等缺陷，使得消费者不能将其作为一种优质的保健品对待。

　　小球藻为药食同源的藻类植物，多糖是其重要的生物活性成分之一，具有加速排毒、平衡酸碱、增强免疫等作用。但原料种类繁多、多糖结构复杂、分离与纯化技术差异大等使得小球藻多糖的特性尚未完全探明。此外，小球藻类产品仍存在腥味浓、难吞咽、消化率低等问题。本书以小球藻粉为主要原料，利用复合酶法提取小球藻粗多糖，对其进行分离纯化后，采用现代化分析技术揭示出不同纯化多糖组分之间的特性差异，并介绍小球藻多糖、多肽口服液，小球藻面条等产品的制备工艺与基本性质，旨在为小球藻多糖应用与新产品研发提供理论依据与参考。

由于作者水平有限，书中疏漏及不足之处在所难免，恳请广大读者批评指正。

作　者

南阳理工学院

2021 年 8 月

目　　录

第1章 绪 论

1.1 研究目的与意义

小球藻（*Chlorella*）属于绿藻门（Chlorophyta）、绿藻纲（Chlorophyceae）、绿球藻目（Chlorococcales）、卵囊藻科（Oocystaceae）、小球藻属，是一类普生性单细胞绿藻，具有生态分布广、易于培养、应用价值高等特点。

小球藻为药食同源的藻类植物，多糖是其重要的生物活性成分之一，具有加速排毒、平衡酸碱、增强免疫等作用。但原料种类繁多、多糖结构复杂、分离与纯化技术差异大等使得小球藻多糖的特性尚未完全探明。此外，小球藻类产品仍存在腥味浓、难吞咽、消化率低等问题。本书以小球藻粉为主要原料，利用复合酶法提取小球藻粗多糖，对其进行分离纯化后，采用现代化分析技术揭示出不同纯化多糖组分之间的特性差异，并介绍小球藻多糖、多肽口服液，小球藻面条等产品的制备工艺与基本性质，旨在为小球藻多糖应用与新产品研发提供理论依据与参考。

小球藻是一种生长于淡水或海水的新型绿色健康食品，其种类极为丰富，主要有普通小球藻、蛋白核小球藻、椭圆小球藻等。小球藻含有大量的蛋白质、多糖、膳食纤维及色素等生物活性物质，可以通过光合作用释放氧气，因此小球藻不仅可以成为宇航员的备选食物来源，更有助于解决宇航过程中氧气的供应问题。在历史的演变过程中，小球藻的基因均未发生改变，而且已被成功应用于人工培养。同时，我国也是世界上藻类生产大国之一，我国的绿藻养殖主要分布于河北、江苏、福建、山东等省份。据《2015～2020 年中国绿藻市场调查与投资前景评估报告》统计数据显示，2015 年我国绿藻产量总值达到了 1 950 t，其中增长速率也维持在 10%左右。

小球藻体积小、结构简单，是一种生长繁殖非常迅速的单细胞藻类；其对太阳能利用效率较高，对环境的适应能力也很强，含有较为丰富的蛋白质、多糖、脂质、叶黄素、凝集素等，具有一定的生物活性，受到人们越来越多的重视。因此，小球藻不仅是生物领域中优良的试验材料，也是很有应用价值的研究对象。生长在适宜环境中的小球藻，藻粉中的蛋白质质量分数高达 63.60%，18 种氨基酸总量大约为 55.95%，其中 8 种必需氨基酸质量分数为 23.35%，接近优质鱼粉、啤酒酵母中的含量，并高于绝大多数植物性蛋白，是非常优良的单细胞蛋白源。小球藻中碳水化合物质量分数为 5.7%～38%，通常情况下不低于 20%；脂类质量分数为 4.50%～86%，不饱和脂肪酸含量明显多于许多植物，另外还含有二十二碳六烯酸（DHA）；小球藻中的叶绿素质量分数为 4%～6%，是自然界已知植物中最高的。采用优化的 KMI 培养基诱导培养小球藻，得到的小球藻虾青素质量比可高达 2.24 mg/g，具有用来大规模生产虾青素的潜力，是继雨生红球藻、红发夫酵母研究之后，又一备受人们关注的天然虾青素资源。小球藻富含绿藻所特有的活性物质——绿藻生长因子（CGF），被称为"类荷尔蒙"。小球藻细胞中还含有丰富的维生素 A、B、K 和叶酸，它们的含量与培养时长及环境因子密切相关。

小球藻在生产实践中的应用越来越广泛，例如医药方面，自从 1962 年日本学者报道小球藻对胃溃疡等胃部疾病有治疗作用以来，人们便对小球藻的生物活性和药理作用进行了相对广泛的研究，如何从小球藻中筛选并提纯出有药理作用的有效成分，将其添加到医药、食品、饮品中，已成为小球藻相关研究的热点之一。小球藻藻株 CK22 的糖蛋白提取物对动物试验和自发肿瘤细胞转移有显著的抑制作用；小球藻中的一种蛋白提取物可以有效减轻抗癌药（5-氮尿嘧啶）诱导机体产生骨髓抑制的程度和提高患者的机体免疫力；小球藻中提取得到的多糖对肝癌细胞增殖有显著抑制作用，且能通过下调抗凋亡蛋白及上调凋亡执行蛋白的表达来诱导其发生凋亡，这些研究成果为抗肿瘤药物的制备和恶性肿瘤的治疗奠定了坚实的理论基础。小球藻的提取物中具有抵抗巨细胞病毒感染的功能，从蛋白核小球藻中提取得到的脂溶性化合物，对 3 种植物病原菌均有一定的抗菌活性，小球藻多糖提取物和纯化的蛋白质、多肽等对多种细菌和真菌等有抑制作用。给小鼠口服小球藻热水抽提物，可增强小鼠对腹腔注射李斯特菌单细胞基因感染的抵抗力，以锌胁迫诱导小球藻产生的锌结合类金属硫蛋白对 3 种自由基均有较强的清除作用。这充分表明了小球藻锌结合类金属硫蛋白具有显著的抗氧化能力。蛋白核小球藻可以显著增强健康小鼠的机体免疫系统功能，而小球藻提取物对四氮化碳导致的大鼠急性肝功能损伤具有明显的治疗作用。其他生物活性研究表明，普通小球藻还具有抗脂质血症与抗动脉粥样硬化活性；适宜剂量的小球藻可治疗缺铁性贫血；小球藻热水提取物具有抗辐射保护作用；且小球藻中富含的维生素 K，可抑制双香豆素乙酯的抗凝集作用；服用小球藻和小球藻提取物类口服液能显著减轻各类疼痛，有效缓解心理压力，促进机体保持自身动态平衡和健康；小球藻凝集素对动物红细胞、细菌、真菌和微藻等均有较强的凝集作用，显示出小球藻生物活性的丰富性。

小球藻的开发和应用前景广阔。随着世界范围人口的不断增加，耕地面积日益减少，土壤荒漠化加快，人类赖以生存的粮食等农产品可能面临着不再能满足人类需求的潜在危机，过去的研究表明地球表面广泛存在的藻类生物，含有丰富的营养成分，且具有优良的医疗保健作用，被联合国粮食及农业组织（FAO）确定为 21 世纪绿色健康食品，藻类大规模培养的研究已经给人们展示了一幅诱人的前景，工厂化生产出人类的优质天然绿色食品即将成为现实。随着小球藻功能成分和产品开发研究的不断深入，小球藻在各个领域的应用更加值得期待。

1.2 相关领域国内外研究现状及综述

1.2.1 小球藻功能成分概述

小球藻含有丰富功能成分，由以下 4 种成分组成。

1. 多糖

与高等植物中的多糖组成有所不同，小球藻细胞中碳水化合物的质量分数一般低于 20%，主要为藻类细胞的特征性多糖，且具有较高的活性多糖。

2. 多肽

小球藻蛋白质的质量分数可高达 50%～70%，超过诸如牛肉、大豆等高蛋白食物。此外，细胞内还含有 8 种必需氨基酸、不饱和脂肪酸、碳水化合物，并富含多种维生素及钙、铁、钾、锌等矿物元素，长期服用可维持和补充人体健康所不可缺少的营养成分。小球藻特有的促生长因子（Chlorella Growth Factor, CGF）能促发机体活力，提高人体免疫力。小球藻细胞内的叶黄素和叶绿素等色素可以使机体提高抗氧化能力，减缓衰老。

3. 脂类

小球藻细胞中脂类的质量分数约为 25%，而其细胞中不饱和脂肪酸的质量分数高于许多植物，在氮饥饿的条件下生长的小球藻，其脂类积累可高达 86%，但二者在脂类组成上无显著差异。

4. 色素及色素蛋白复合体

小球藻细胞中的色素主要包括叶绿素和类胡萝卜素，其结合形式主要以色素蛋白和色素多糖的形式。色素蛋白复合物是小球藻细胞膜蛋白的主要成分，与其光合作用有紧密的关系；小球藻糖蛋白是一类研究较多的小球藻蛋白质，目前已对其结构及生物学活性进行相关表征。正因为小球藻含丰富的蛋白质、多糖、脂类、色素、色素蛋白复合物、维生素、微量元素和一些生物活性物质，具有全面而均衡的营养价值，能够广泛应用于食品、饲料、医药等多个领域。所以，小球藻已被联合国粮食及农业组织（FAO）列为 21 世纪人类绿色营养源健康食品，并有广阔的发展前景。

1.2.2　小球藻多糖

1. 小球藻多糖提取

通过 CNKI 检索多糖与多糖提取，可发现与多糖提取方法相关的文献占据多糖相关文献的 1/7 左右，其中传统的提取方法主要是根据糖类物质的溶解性而选取适宜的溶剂所形成的方法，以水提纯沉法与酸碱浸提法为主。随着科技的进步逐渐出现了以热水浸提为主的超声波辅助法、微波辅助法以及酶辅助法等，为了达到提高多糖提取率的目的，通常将上述几种主要的方法相互结合应用于粗多糖提取工艺。小球藻中含有连反刍动物都不易消化的坚硬细胞壁，为了提高小球藻中营养物质在人体内的消化利用，多年来研究者仍不断在追寻适宜的破壁方法与营养物质的提取方法。

（1）水提纯沉法。

水提纯沉法主要是依据热水浸提时水的热力作用和物质的扩散作用使植物的细胞发生质壁分离现象，物质溶于溶剂而扩散到外部溶液中。Chaiklahan 等优化了螺旋藻多糖的提取工艺，确定原料在固液比为 1∶45（质量分数）、温度 90 ℃、浸提 120 min 的条件下，可获得提取率为 8.3%的粗多糖。张扬等通过此方法研究发现，按照固液比 1∶87 溶解原料，85 ℃持续浸提 43 min，可获得 1.31%的小球藻多糖。这种方法是提取多糖最为常用的传统方法，且简便易操作，但提取过程能耗大、时间久且多糖提取率相对较低，通常与其他方法相结合而被应用于工业生产。

（2）酸碱浸提法。

酸碱浸提法主要是针对一些难溶于水，易溶于稀酸或稀碱溶液的糖类，主要有果胶、树胶及氧化纤维素等。Su 等将 10 g 小球藻粉与 50 mL NaOH（质量分数为 3%）溶液混合，4 ℃下连续振荡 3 h 后结合热水浸提法制备粗多糖，并考查了时间、温度、液料比对粗多糖提取率的影响，测定了最佳提取条件下粗多糖的提取率为 4.23%。此方法虽然可以提高多糖的提取率，但酸碱度不易控制，容易造成其他糖类物质与酸或碱发生化学反应而导致多糖结构的破坏与生物活性的改变。

（3）超声波辅助法。

超声波辅助法主要是利用超声波的作用使得液体内部产生空穴，空穴的进一步扩大可以增加物质间的有效碰撞，使得细胞内有效物质被大量释放，从而提高细胞破碎率。魏文志等通过循环 2 次冻融、超声，获得了 5.92%的小球藻粗多糖。超声法虽具有细胞破碎率高、多糖损失少、适用范围广等优势，但功率过大时易导致活性物质结构的破坏。

（4）微波辅助法。

微波辅助法主要是利用微波特有的热效应与机械效应来加速细胞壁组织破裂，促进多糖的溶出。李霞等研究发现，微波辅助法可将西番莲果皮多糖的提取率提高1.5倍，而且获得的多糖仍具有相对较高的清除 DPPH·与·OH 能力。该方法具有能耗低、提取率高的特点，但微波会对实施者造成一定的辐射危害，而且对仪器的要求较高。

（5）酶辅助法。

酶辅助法是利用酶可以有效破坏植物细胞壁促进糖类物质释放的特性，从而有效地提取多糖。酶辅助法主要有单酶和复合酶两种方式，这两种方式均具有能源需求少、环境友好、多糖提取率高的特点，而且酶辅助提取多糖已被认为是一道绿色工艺。Ma 等对比分析了单酶与双酶水解法提取的山药多糖，结果表明，酶解不仅可以有效去除山药多糖中的蛋白质，而且可以降低多糖的分子量与黏度，增加分子粒径。庞庭才等通过酶辅助法可使得小球藻多糖提取率提高到 18.94 mg/g。

2. 多糖的分离纯化方法

通常粗多糖中仍含有较多的蛋白质、核酸、色素以及其他杂质，需要进一步去除非糖类物质，以达到获得较高纯度多糖的目的。到目前为止，植物多糖脱蛋白的主要方法有三氯乙酸法（TCA）、Sevage 法、盐酸法及酶法等。TCA 法脱除蛋白的效率相对较高，但易导致多糖含量的损失与多糖结构的破坏。Sevage 法相对较温和，多糖保留率较高，但因试验需要一般要求重复多次脱蛋白，易造成对环境的污染，增加试验成本。粗多糖溶液中的部分盐类及小分子物质可以通过透析法从原溶液中脱离。Zeng 等得出中性蛋白酶法、TCA 法、$CaCl_2$ 盐析法均可以使得灵芝多糖中蛋白质脱除率高达 71.5%以上，控制多糖损失率在 11.39%以内，而且证实了这 3 种方法均不会对灵芝多糖的分子量产生显著影响。

多糖纯化主要依据多糖的聚合度、分子量、溶解度、分子大小等性质使多糖被分成不同的组分，另外也可以通过对杂质质量分数的测定或进一步纯化来鉴定所分离出的组分是否接近均一。植物多糖的纯化方法主要包括分部沉淀法、柱层析法、季铵盐沉淀法、盐析法等。

（1）分部沉淀法。

分部沉淀法是依据多糖在不同体积分数乙醇中的不同溶解性，依次分离出不同的多糖组分，这种方法比较适用于溶解度差异较大的多糖。赵小霞采用 3 种不同体积分数的乙醇对已脱除蛋白质的小球藻多糖进行分级沉淀发现，乙醇体积分数为80%时，所获得的多糖提取率为 26%。

（2）柱层析法。

柱层析法主要包括离子交换柱层析和凝胶柱层析。离子交换柱层析是以纤维素层析为基础，对其进行改性后与不同的阴阳离子交换结合形成高效分离酸性、中性和黏性多糖的柱层析法，是目前较为普遍使用的方法之一。凝胶柱层析法则是通过三维网状立体结构的多孔性凝胶将原料按照不同的分子量和形状分离，通常先流出层析柱的溶液中多糖的分子量相对较小，后流出的多糖分子量相对较大，而且不同的凝胶适用于分离不同分子量范围的多糖。贾敬等对小球藻多糖进行 DEAE-52 离子交换柱层析与葡聚糖凝胶 G-100 柱层析后，进行活性跟踪发现，纯化多糖可以促进巨噬细胞 Ana-1 的生长。采用不同孔径的超滤膜法结合阴离子交换层析、粒度排阻层析最终获得了 2 种不同组分的小球藻纯化多糖。

（3）季铵盐沉淀法。

季铵盐沉淀法是利用一种表面活性剂与多糖中的阴离子结合生成难溶于水的沉淀，使得中性多糖保留在原溶液中。这种纯化过程是通过添加适宜的电解质来调节溶液 pH 并聚集沉淀。窦佩娟采用此法对茶树菇多糖进行分离纯化，获得了 2 种多糖组分，分别命名为 S-ACP2-1 与 S-ACP2-2。

（4）盐析法。

盐析法是在天然植物多糖的水溶液中，不断添加适宜的无机盐类，使其达到饱和状态导致多糖在水溶液中的溶解度降低而形成沉淀。孙宁研究了盐析法（硫酸铵）对姬松茸多糖的纯化效果，结果表明，多糖经过适宜的盐析条件可有效脱除80.29%的蛋白质，并保障79.59%的多糖回收率。

3. 多糖的特性研究

多糖的基本组成、分子量、热学性质及流变学性质均为糖类物质的重要特性，这些性质同多糖的实际应用密切相关。目前对于多糖中组成成分的研究主要包括糖醛酸、总糖以及部分硫酸根，但针对小球藻多糖的热学性质与流变学性质均未有深入研究。

温度是影响生物体内各种性质的关键因素之一，它会导致植物细胞中组成成分发生变化，更会影响细胞膜与细胞内部酶的生理活性，使原料的营养价值与应用性能降低。热重曲线（TG）是指样品在动态升温过程中，其质量减少速率的分析曲线。从曲线上可以有效表征出多糖质量较少时的温度范围，并依据质量减少的程度来判定在此温度范围内多糖所发生的热分解程度。微商变化曲线（DTG）是对热重曲线的一次微分所形成的曲线，可以更加明显地观察到多糖质量改变的次数。对多糖热学性质的探索既有利于多糖稳定性的研究，也有助于多糖类产品的开发与不良性状的改善。张翼飞等研究了香加皮精多糖的热重与热裂解性质，探索出该纯化多糖在25～900 ℃的升温过程中会发生 4 次失重现象，多糖经历了自由水蒸发、热分解、剧烈裂解与恒重过程。

多糖的流变性质是指样品处于外力作用中所展示出的流动行为。植物多糖的流变性质一般有两个方面：一方面是静态流变，主要是通过剪切速率与黏度的变化趋势来确定流体是否会出现剪切变稀行为，从而判断出所测溶液是牛顿流体还是假塑性流体或涨塑性流体；另一方面是动态流变，主要是通过振荡频率对多糖的储能模量（G'）与损耗模量（G''）之间的关系来判断流体的黏弹性，其中 G' 描述的是固体的弹性性质，G'' 描述的是液体的黏性性质。多糖流变性质的研究可以增加人们对多糖类食品黏弹性的了解，也有益于功能食品质量评价、工程计算与工艺设计。杨慧娇等以大豆为原料，分析了大豆多糖水溶液的流变性质，结果显示，此多糖的本征黏度较低，但展现出较强的剪切稀释行为。Huang 等测定了不同因素对荔枝多糖流变特性的影响，结果表明，荔枝多糖的流动行为指数和一致性指数均随质量浓度的变化而变化，热处理可以增加多糖的黏度，盐类物质的加入可使得多糖表现为弹性凝胶。

植物多糖因主链中单糖数目、种类、连接点及分支连接方式的不同而增加了多糖结构分析的难易程度。但随着技术的进步逐渐出现了不同的结构分析技术，主要有化学分析法、仪器分析法、生物学分析法。对多糖化学结构的研究不仅有助于探索多糖结构与生物活性之间的关系，也能为多糖的生产应用提供重要的理论依据。

（1）化学分析法。

化学分析法是一类比较传统的多糖化学结构的解析方法，例如水解法、甲基化反应、Smith 降解等，这些方法具有应用早、范围广、信息大的特点，能够表征出多糖的单糖组成、糖残基间的连接方式、糖苷键的位置等信息。水解法是利用酸、乙酰或甲醇等试剂的水解作用将多糖链降解成分子量较小的单糖或其衍生物，并借助色谱仪器的检测功能来表征出多糖中单糖的基本信息。甲基化反应的原理是水解甲基化的多糖，衍生化后借助红外光谱或质谱表征出多糖残基的相关信息。Smith 降解是将高碘酸氧化产物被还原，酸水解后依据定性分析水解产物来推测糖苷键的信息。唐伟敏依据糖基组成分析与甲基化分析结果，确定了芜菁多糖与玛咖多糖是两种分别含有不同种类糖基的酸性多糖，同时前者的半乳糖醛酸质量分数几乎是后者的两倍。

（2）仪器分析法。

仪器分析法是将现代化仪器设备应用于多糖结构的研究中，定性或定量分析多糖水解、氧化、还原等物质的基本信息，从而表征或推断出多糖的结构信息。这种方法一般会同其他两种方法紧密联系后应用在实际科研过程中。在糖类化学分析过程中，现代化仪器的应用使得多糖精细结构的研究获得了突飞猛进的发展。目前仪器分析法所使用的技术主要有光谱、色谱、质谱以及核磁共振等。韩雨露将气质（GC-MS）、红外光谱（FT-IR）、核磁（NMR）等一系列现代化技术相结合推测出仙人掌果多糖的主链是→2（-α-L-Rhap-（1→4）-α-D-GalpA-）1→。冯鑫等采用色谱、光谱技术分析出生姜皮多糖（GE-1、GE-2、GE-3）中含有不同的单糖组成，且均表征出多糖的特征性吸收峰，表明生姜皮多糖是以甘露糖为主的杂多糖。

（3）生物学分析法。

生物学分析法主要是利用与生物大分子的特异性结合的分析方法，主要内容是免疫分析。其原理是将无抗原性的多糖附着于载体中形成偶联物，用此偶联物对选择的动物进行免疫，产生的抗血清与糖类物质间有特异的亲和力，而与多糖的衍生物间只有不同程度的亲和力，通常是通过测定半抗原对特异性的抗血清与偶联物结合的抑制常数来确定多糖的部分结构。该方法不仅可以揭示生物活性物质的靶点，而且对于探索糖类物质的生物活性与新产品的开发利用起到重要的作用。

随着科技的进步与人们对于高品质生活的追求，许多研究者对探索具有生物活性物质的兴趣逐渐增加，其中植物多糖的各种生理活性也逐步被发现，主要体现在免疫调节、抗肿瘤、抗衰老、降血糖等方面。

人体的免疫系统对抗原性异物具有识别、清除、防护等作用，从而保持人体自身的动态平衡，维持人体的正常生理活动。目前，植物多糖的免疫调节作用表现于两个方面：一方面是多糖直接进入并杀死病原细胞起到免疫作用；另一方面是加强吞噬细胞、T 细胞、B 细胞及其他免疫细胞的功能来调节机体免疫。Chen 等研究了小球藻多糖（CPS）对 1-甲基-4-苯基-1，2，3，6-四氢吡啶（MPTP）诱导的帕金森病（PD）小鼠模型的运动活性、多巴胺表达、小胶质细胞活化及外周免疫调节反应的影响，结果表明，CPS 可减轻 PD 所表现出的运动迟缓现象，抑制多巴胺的丢失，引起得病小鼠体内部分酶的增加，还能增强肠道免疫指标。

到目前为止，人体内消除肿瘤的方法仍然是许多研究者时刻关注与探索的课题，而且天然植物多糖可以抑制肿瘤增殖的机理仍需不断深入研究。Yu 对黄芪多糖结构特征及抗肿瘤活性的研究发现，此多糖可较好地抑制胃癌细胞（MGC-803）、肺癌细胞（A549）及肝癌细胞（HepG2）的增长，证实了较高分支程度的黄芪多糖会增强体外抗肿瘤活性，表明黄芪多糖在癌症治疗方面具有潜在的应用价值。

大量的研究表明，从自然资源中获得的植物多糖有望成为一类无毒、高效的天然抗氧化剂。Yi xuan 等进行的体内抗衰老试验发现，小球藻多糖可以使得雄果蝇与雌果蝇的平均寿命分别增加 11.5% 与 10.6%，而且青年组与老年组果蝇体内的酶类活性也同时增加，这表明小球藻多糖是一种潜在的、可延长寿命的天然物质。

另外，糖尿病也是威胁人体健康的重要疾病之一。目前已发现的植物多糖主要通过增加胰岛素含量及受体数量或亲和力、调节糖代谢、延缓葡萄糖在肠道内的吸收以及增加机体抗氧化等途径来起到一定的降血糖功效。史坤等通过动物体内试验发现，小球藻可以有效降低高血糖小鼠的空腹血糖，达到显著降血糖的效果。

4. 多糖的工业应用

多糖作为食品添加剂，可赋予产品不同的口感、质地以及性状。李惠琳探索了不同发酵时期添加不同商业多糖对葡萄酒品质的影响，结果发现，发酵中期添加酵母多糖可增加总酸含量、降低色度、增加香气物质种类等，在陈酿前添加酵母多糖能够降低挥发酸含量、提高透光率、提高蛋白质稳定性。陈艳等研究了乳酸菌发酵过程中添加黄精多糖的影响，研究发现添加一定量的黄精多糖具有加快乳酸菌发酵时产酸速率和促进乳酸生长增殖的作用，但对发酵乳的黏度影响不大。

多糖在新型食品中的应用增加了原料的附加值与新产品的种类。孙帆通过正交试验优选出桦褐孔菌免疫酸奶的最适产品配方为：菌种 0.1%、桦褐孔菌多糖 0.7%、白砂糖 7%、果胶 0.2%，制备出质地细腻、表面光滑，具有酸奶风味和桦褐孔菌味的黄褐色酸奶。方元以枣粉、枣多糖粉为主要原料，麦芽糊精和土豆为辅料，按照主料与辅料的质量添加比为 1∶1，制备出多糖质量分数为 5.812% 的枣多糖咀嚼片。

多糖作为包装原料可以制备出良好的可食用性薄膜，这种薄膜可以使得包装袋内的气体得到调节，有效保护食品中的物质，从而延长食品储存期。刘妍将提取的小球藻多糖和盐藻多糖应用于可使用性膜的制备过程中，确定了无污染、高营养的可食性膜的制备工艺。司徒文贝等研究交联壳聚糖薄膜发现，该膜具有一定的溶胀吸水与提升耐酸性的性能，在活性物质传递领域拥有良好的应用前景。

多糖还可利用自身的理化性质应用于其他食品工业。孟凡冰等在高分子改性多糖的研究中发现，此多糖具有优良的乳化、增稠及成膜性能，可作为食品工业中的乳化稳定剂、增稠剂、保鲜剂等。

1.2.3 小球藻多肽研究进展

在 20 世纪 60 年代初，国内许多地方已有大规模培养小球藻并获得成功的经验。随着国际市场包括小球藻类在内的"微藻类保健食品热"的兴起，自 20 世纪 90 年代以来，我国不少地方陆续开发螺旋藻、蓝绿藻、杜氏盐藻及小球藻等微藻养殖作为提升地方经济的重点项目之一。由于我国的温带气候非常适合微藻类的培养，所以在过去十几年来，微藻养殖业获得了飞速发展。

据相关报道，近些年来，我国螺旋藻干粉年产量始终保持在每年 3 000 t 以上，杜氏盐藻年产量亦有数千吨之多（该产品主要用于提取天然β胡萝卜素）。在 2000 年以后，随着国际市场小球相关藻制品的逐渐趋热，开发小球藻养殖被国内一些地方政府再次提到议事日程上。日本在冬春两季较为寒冷（与我国华东地区相仿），因而不能一年四季都养殖小球藻；同时，日本的人力成本相对于我国高出很多。而我国台湾地区的气候很适合小球藻生长，加上台湾地区有非常丰富的淡水资源，可以终年繁育小球藻。自 20 世纪 80 年代以来，我国台湾地区已发展为日本最大的海外小球藻生产基地。近年来，我国台湾地区每年生产 2 000 多吨小球藻干粉，除部分产品作为养殖虹鳟鱼等高级渔产品的饲料外，每年可向日本出口 1 000 多吨小球藻干粉，从而为台湾地区赚得十几亿的新台币。小球藻生产已真正成为台湾地区第一大出口型产业。

目前，国内藻类保健食品的产品形式主要以藻片、藻粉、胶囊等为主，它存在难于吞咽、腥味较重、消化率较低等缺陷，消费者不能把它当作一种优质的保健品对待。所以，虽然小球藻营养价值高，但由于开发不完备，产品附加值低，市场效应仍然不好。接下来的研究方向是，通过现代技术手段，将其加工制造成小球藻多肽口服液，这样不仅保证了其中的营养成分含量，又极大地改善了吸收不良的缺点。

1.2.4 小球藻产品开发研究进展

1. 食品与饲料生产

20世纪60年代，小球藻主要作为单细胞蛋白资源而为人们所认识，以后又在这一基础上转向开发生产价值更高的保健品、美容性食品和食品添加剂，我国台湾地区和邻国日本成功地建立了小球藻相关产业，培养获得的藻细胞制成的小球藻片、小球藻提取物饮品以及保健品，被联合国粮食及农业组织（FAO）评为21世纪人类的绿色营养源类健康食品。小球藻作为新型的食品添加剂，可用于陈大米、酿酒、发酵大豆制品、豆腐、面食、发酵乳制品和鱼罐头等食品的风味改良和品质改善；还可用于轮虫、枝角类和盐水丰年虫的培养，还可作为鱼、虾、蟹、海参和贝类的配合饵料的添加剂，有很好的投喂效果。

2. 油脂和燃料生产

小球藻在较为适宜的生长环境中可大量积累具有与一般植物油脂相似脂肪酸结构的油脂。通过热解异养小球藻而获得的生物油产率高达57.9%，此种热解生物油含氧量较低，而且具有较高的热值、密度和黏度等优良的理化性质，燃油的品质与化石燃油相当。小球藻还可以很大限度地吸收和利用工业生产中排放出的大量二氧化碳和氮化物，有利于解决传统污染问题。

3. 污水净化

藻类有吸收、消耗水体环境中的N、P 等营养元素以及吸附重金属的功能，对水体环境有非常显著的净化作用，是很好的治污生物。小球藻还具有去除多种重金属离子和降解苯酚以及某些工业染料的能力，对Cu、N的吸附率可高达藻体干重的30%～60%。以小球藻处理污泥提取液，化学需氧量(COD)去除率最高可达97.4%，总氮的去除率最高可达92.8%，这为污水处理厂中污泥的资源化处理提供了一条创新、高效而十分经济的途径。

4. 脯氨酸的生产

某些种类的小球藻可以积累相当数量的脯氨酸，具有很高的渗透压耐受性，从而适应高盐生长环境。美国的一些公司利用这一特性研究利用小球藻生产脯氨酸的工艺，取得了较为卓越的研究成果，并陆续申请了有关专利。

5. 农业应用

小球藻在农业上也有一定的应用价值。将小球藻提取物稀释500～1 000倍，喷施于蔬菜、果树等农作物叶面，具有提高植物光合作用能力、促进根部生长并改善作物根部养分吸收能力和抗菌力的效果；用不同质量浓度小球藻提取物处理大白菜、芥菜和萝卜等的种子可提高发芽率、发芽势和发芽指数，能促进种子萌发过程中胚根的生长，极大缩短种子萌发的周期；小球藻的提取物中不含任何毒副作用，因此在农业领域发展中具有很好的应用价值。

1.3　主要研究内容

1. 优化并分析小球藻粗多糖的提取工艺参数和分离纯化工艺

以小球藻粗多糖提取率为指标，在单因素试验的基础上设计响应面试验，并进行验证。结果表明，pH、酶解温度、液料比、复合酶添加量对小球藻粗多糖提取率的影响程度依次降低。较优提取条件为：液料比 20∶1、复合酶添加量 1.45%、pH=5、酶解温度 39 ℃，在此条件下小球藻粗多糖的提取率为6.56%。以蛋白质脱除率和多糖损失率为指标，对比 TCA 法发现，循环 6 次以上的 Sevage 法更适于小球藻粗多糖的脱蛋白工艺，浓缩、透析、冻干即可获得小球藻多糖F。分别以蒸馏水与不同浓度的氯化钠为洗脱剂，进行 DEAE-Sepharose Fast Flow 柱层析分离纯化，最终获得3种不同组分的纯化多糖 F_1、F_2、F_3。通过紫外扫描结合 Sephadex G-200 柱层析分析，表明纯化多糖几乎不含有核酸、蛋白质及氨基酸等，且接近为均一性多糖。

2. 探索小球藻多糖的基本组成、结构性质、理化性质及抗氧化活性

小球藻多糖的基本组成测定结果表明，纯化多糖 F_1、F_2 与 F_3 的提取率分别为4.02%、51.91%、9.53%，其中 F_2 为微黄色絮状物，其余均为乳白色蓬松物。与糖醛酸质量分数为 7.43% 的多糖 F 相比，纯化多糖的糖醛酸含量均有所降低，但总糖含量均显著提高，其中 F_1 的总糖质量分数最高为 73.47%，同时 F_3 也含有 18.22% 的硫酸根。另外，通过凝胶渗透色谱（GPC）分析发现，F_1、F_2、F_3 的分子量（MW）依次增加，分别为 27.15 ku、1.058×10^3 ku、5.576×10^3 ku。

应用 SEM、HPLC、FT-IR 及刚果红试验对小球藻多糖的结构性质进行了系统表征，结果表明，F_1 为细丝状且表面光滑，主要包含 62.90% Gal（半乳糖）、15.44% Glu（葡萄糖）和 12.67% Man（甘露糖）等单糖成分；F_2 呈现三维网状结构，以 41.85% Gal、13.74% Fuc（岩藻糖）和 10.20% Rha（鼠李糖）为主要单糖；不同的是，类似于 F 的多糖 F_3 以片状堆积为主，由 39.55% Ara（阿拉伯糖）、32.33% Rha 与 10.82% Gal 组成。小球藻多糖均含有包括 O—H、C—H、C ＝O 等官能团在内的多糖特征性吸收峰，但仅 F_3 含有 α-吡喃糖。纯化多糖的水溶液均不呈现三股螺旋构象。

将热重分析与流变特性分析分别应用于小球藻纯化多糖的理化性质分析中。数据显示，当温度低于 180 ℃时，纯化多糖相对比较稳定，不会发生较强的热分解效应。静态流变性研究发现，纯化多糖的水溶液展示出剪切变稀行为，且 F_2 与 F_3 质量浓度依赖性强于 F_1，意味着纯化多糖为非牛顿流体。动态黏弹性研究发现，纯化多糖的水溶液呈现出固体的弹性行为，且始终保持储能模量（G'）大于损耗模量（G''），证明纯化多糖为非凝胶型多糖。通过体外抗氧化活性分析明确，小球藻多糖具有成为抗氧化剂的潜在功能，其中 F_1 对 $ABTS^+$·与·OH 的清除能力较强，而 F_2 具有较高的 DPPH·与 O_2^-·清除活性。

3. 研究小球藻多糖口服液的制备工艺及性质

通过单因素试验确定了小球藻多糖口服液制备工艺中脱腥剂与澄清剂种类及添加量、糖酸比及添加量。以多糖保留率、透光率和感官评定为指标，采用正交试验优化工艺条件，结果表明，较优工艺参数为：脱腥剂（β-环状糊精）添加量 27.5 mg/mL，澄清剂（Ⅱ型 ZTC1＋1 天然澄清剂）添加量 3%（A）、6%（B），每 15 mL 多糖澄清液中添加 750 mg 蜂蜜、75 mg 白砂糖、15 mg 柠檬酸。基本性质分析表明，此口服液具有较高的清除自由基的能力，且随剂量的增加抗氧化活性均有所增加。

4. 研究小球藻多肽口服液的制备

首先，将破壁小球藻粉进行复水，随后采用木瓜蛋白酶酶解法提取小球藻藻液中的活性多肽，之后经脱腥、调配，并利用正交分析法对糖酸比、β-环状糊精的添加量进行优化制备出小球藻多肽口服液。所得结果为：在粉水比为 1：30 时，可得小球藻口服液中多肽质量浓度为 0.082 6 mg/L；在多种脱腥方法中，β-环状糊精脱腥效果最为显著，最适添加量为 2.5 g/100 mL；在多种糖酸比中，1：125 的调配比例口感最好；由正交试验的分析结果可知，在小球藻多肽口服液的调配中，糖酸比、β-环状糊精、蔗糖对口味的影响显著性依次减弱；得到的小球藻多肽口服液性状为：酸甜适中，有独特的海藻味的棕黄褐色液体。

5. 研究小球藻面条的制备

采用小球藻粉和小麦粉的混合粉作为原料粉来制作面条，研究了不同比例的香辛料汁液和不同改良剂（谷朊粉和黄原胶）的添加量对面条品质的影响。制作小球藻面条时小球藻粉的添加量（质量分数）为 0.3%，食盐的添加量为 1%。该试验结果表明，利用 1：50 的比例煮成的香辛料汁液代替水来和面不仅可以有效掩盖藻腥味而且不会影响其感官品质；添加 0.3%的黄原胶能够有效改善面条的质构特性，但对面条的蒸煮品质无显著影响；添加 12%的谷朊粉可以显著提高面条的硬度和拉伸特性。

6. 研究小球藻其他功能产品的制备

采用小球藻粉加入对小麦粉中，制作含有小球藻粉的面包，研究了不同小球藻粉添加量对面团的影响及其对面包质构和老化动力学的影响。以小球藻作为饼干的替代成分，研究了小球藻粉对饼干的感官、物理和化学特性、抗氧化活性和体外消化率的影响。研制了仙人掌和小球藻粉型天然补充片，并探索相关湿法制粒工艺参数对片剂最终关键质量属性的影响。

第 2 章　小球藻多糖的制备及性质

2.1　概　　述

随着对微藻多糖关注程度的增强，人们对微藻多糖质和量的需求也日益增加。虽然小球藻中的碳水化合物含量比较丰富，但其多糖主要存在于细胞壁中，通常与脂质、蛋白质以复杂的方式结合构成多糖混合物，从而增加了多糖的有效提取与除杂工艺的难度。因此，获得提取率与纯度较高的多糖仍需不断探索其适宜的提取、分离纯化的方法。

小球藻多糖具有免疫调节、抗氧化和降血糖等生物活性，更是一些膳食纤维和益生菌的良好来源。目前，影响多糖生物活性的因素虽未完全发现，但已有文献报道包括单糖组成、糖苷键及分支程度在内的一些因素会造成活性的改变。而且Saravana 等认为藻类多糖的分子量较低时，多糖的抗凝血活性和抗氧化活性强于高分子量的多糖。另外，原料热学性质与流变学性质的研究不仅能够增加对食品热稳定性与凝胶性的了解，也可以为工程计算、工艺设计与质量评价提供理论依据。因而对小球藻多糖的组成成分、理化性质、结构特征等方面的研究具有重要的现实意义。

多糖作为一种天然的营养资源，被许多研究者认为是重要的加工原料。目前，人们已将多糖应用于食品、药品及化妆品等众多行业中，这不仅可以体现多糖的营养价值，更能为经济增长和工业发展做出巨大贡献。但作为绿色健康食品的小球藻，经常被作为饲料使用，未能高效利用其潜在的功能成分而造成资源的浪费。近年来，人们对利用加工小球藻产生附加值的兴趣有所增加，也出现了许多小球藻类食品，如添加小球藻粉的面包、饼干、保健饮料及小球藻补充剂等。所以利用小球藻作为潜在的多糖原料，对进一步提高小球藻的附加值及研发保健产品具有深远意义。

为了提高小球藻多糖提取率，本书以小球藻为主要原料，在传统的热水浸提法基础上，结合复合酶法成功地提高了小球藻多糖提取率，并通过响应面法确定出复合酶提取小球藻多糖的较优条件。通过脱蛋白方法的选择与进一步的分离纯化工艺，最终获得了不同组分的均一性多糖。

2.2　材料与方法

2.2.1　试验材料

1. 试验原料

小球藻粉，购于西安仁邦生物科技有限公司，避光储存于室温，备用。

2. 试剂

木瓜蛋白酶（酶活力≥60万单位/克）和纤维素酶（酶活力≥3千单位/克）、标准品（甘露糖 Man、核糖 Rib、鼠李糖 Rha、葡萄糖醛酸 GlcA、半乳糖醛酸 GalA、葡萄糖 Glc、半乳糖 GalA、木糖 Xyl、阿拉伯糖 Ara、岩藻糖 Fuc）、1-苯基-3-甲基-5-吡唑啉酮(PMP)以及 DEAE Sepharose fast flow 等试剂均购买于北京索莱宝试剂有限公司（Solarbio）；DPPH、ABTS 则购于北京中生瑞泰科技有限公司。

β-环糊精，食品级，上海甘源实业有限公司；活性炭，食品级，天津市福晨化学试剂厂；八甘桂，食品级，上海同堂生物科技有限公司；Ⅱ型 ZTC1+1 天然澄清剂，食品级，武汉正天成生物科技有限公司；101 果汁澄清剂、壳聚糖，食品级，郑州顺意生物科技有限公司；蜂蜜、白砂糖、柠檬酸，食品级，广州福正南海食品有限公司。

2.2.2　仪器与设备

AR423CN 电子天平，南京华奥仪器有限公司。

DHG-9143BS-Ⅲ电热恒温鼓风干燥箱，上海圣科仪器设备有限公司。

LDX-ASS-100A 自动样品采集器，Huxi。

Neofuge15R 高速冷冻离心机，Eppendorf。

PFD 真空冷冻干燥机，SIM。

S3400N 扫描电子显微镜，Hitachi。

ODS-2 C18 柱，Thermo。

Breeze 高效液相色谱仪，Waters。

IRAffinity-1S 红外光谱仪，Shimadzu。

TG 209 F3 热重分析仪，Netzsch。

MCR302 流变仪，Anton Paa。

2.2.3　试验方法

1. 小球藻粗多糖提取工艺条件的优化

（1）小球藻粗多糖的提取工艺。

小球藻粉→水溶→超声→调 pH →加酶→酶解→灭酶→浸提→离心→过滤→醇沉→过夜→离心→烘干→粗多糖。

工艺要点：

①酶解前处理：取适量的小球藻粉与蒸馏水按照适宜比例混匀，超声 30 min 以防止粉末黏壁并加速原料溶解，用冰醋酸与 NaOH 调节 pH。

②酶解：向上述溶液中加入适宜的酶量，于不同温度下酶解 30 min 后灭酶。

③浸提：将酶解液置于 70 ℃的恒温水浴箱中浸提 4 h，冷却至室温后，在 0 ℃冷冻离心机中以 4 500 r/min 的转速离心 15 min，过滤收集上清液。

④醇沉：将 3 倍体积的乙醇（体积分数为 95%）加入上清液中，摇匀后置于 4 ℃冰箱，静置 12 h 后以相同转速再次离心 15 min，收集沉淀。

⑤干燥：烘干沉淀以获得小球藻粗多糖，并按照下列方程计算粗多糖提取率：

$$粗多糖提取率 = \frac{m_2}{m_1} \times 100\%$$

式中，m_1 为小球藻粗多糖的质量；m_2 为小球藻粉的质量。

（2）复合酶种类的确定。

由于小球藻的细胞壁主要是由纤维素组成，而且其多糖经常与蛋白质结合构成糖蛋白，但酶的合理利用不仅能高效分离糖蛋白，也能加速细胞壁的破裂从而增加多糖的提取率。所以本书将纤维素酶与木瓜蛋白酶用于辅助热水浸提小球藻粗多糖。同时为了确定这两种酶按质量比为 1∶1 使用时多糖提取率能否比单酶的使用效果更好。因此，按照液料比为 25∶1，调 pH 为 5，加入设定的酶种类及添加量于 50 ℃酶解后，按照粗多糖的提取工艺流程制备粗多糖，选取提取率较高的酶种类进行后续试验。

（3）单因素试验。

为了研究其他因素对小球藻多糖提取率的影响，首先依据上述确定的酶种类与添加量，控制 pH 为 5 与酶解温度为 50 ℃，研究液料比（10∶1、15∶1、20∶1、25∶1、30∶1）对小球藻粗多糖提取率的影响；再设定酶解温度为 50 ℃，液料比为适宜值，研究 pH（3、4、5、6、7）对小球藻粗多糖提取率的影响；最后选择上述较优结果，研究酶解温度（30 ℃、40 ℃、50 ℃、60 ℃、70 ℃）对小球藻粗多糖提取率的影响。

（4）响应面法优化提取工艺。

根据单因素试验结果，选取液料比（A）、复合酶添加量（B）、pH（C）与酶解温度（D）为自变量（表 2.1），确定这 4 种因素在响应面（RSM）中的应用范围，并将所有因素保持在 -1、0、1 水平上，共随机进行 29 组试验。以小球藻粗多糖提取率为因变量,通过 BBD 建立适宜小球藻粗多糖得率的模型,用各响应变量所拟合的二次多项式模型来评价每种情况的拟合优度,优化工艺参数并进行试验验证。

表 2.1　因素水平编码表

因素	单位	符号	水平		
			−1	0	1
液料比	mL/g	A	15:1	20:1	25:1
复合酶添加量	%	B	1	1.5	2
pH	—	C	4	5	6
酶解温度	℃	D	30	40	50

2. 小球藻粗多糖的分离纯化

(1)脱蛋白方法的选择。

TCA 脱蛋白:取 1 g 小球藻粉所获得的醇沉物,添加 20 g 蒸馏水使其充分复溶,过滤,70 ℃旋蒸浓缩至原体积的 1/2,以便除去样品中的乙醇。向 10 mL 浓缩液中加入 TCA 溶液使其终体积分数分别达到 1%、2%、3%、4%、5%、6%,混匀,4 ℃过夜后于 5 000 r/min 离心 15 min,取上清液,分别采用考马斯亮蓝法与苯酚硫酸法测定样液中的蛋白质与多糖含量。依据下列方程计算蛋白质脱除率与多糖损失率:

$$蛋白质脱除率 = \frac{M_1 - M_2}{M_1} \times 100\%$$

$$多糖损失率 = \frac{m_1 - m_2}{m_1} \times 100\%$$

式中,M_1 为样品处理前蛋白质含量;M_2 为样品处理后蛋白质含量;m_1 为样品处理前多糖含量;m_2 为样品处理后多糖含量。

Sevage 脱蛋白：取 1 g 小球藻粉所获得的醇沉物，加入 20 g 蒸馏水使沉淀消失，过滤后置于 70 ℃旋蒸至原体积的 1/2，以便除去样品中的乙醇。向浓缩液中加入 1/2 体积的 Sevage 试剂（氯仿：正丁醇=4：1（体积比））混匀，剧烈振荡 20 min 后，移入分液漏斗中静置 20 min，弃去分液漏斗的中间蛋白层和下层有机层，多次重复上述流程，确定脱蛋白的适宜次数。

除盐：将脱除蛋白的样液置于 70 ℃浓缩至原体积的一半，再将浓缩液装入 8 000～14 000 u 的透析袋中，每间隔 12 h 换水一次，从而除去样液中的盐类及小分子物质，48 h 后取出溶液并浓缩至一定体积后冻干，获得小球藻多糖，命名为 F。

（2）阴离子交换 DEAE Sepharose Fast Flow 柱层析纯化。

装柱：用蒸馏水清洗层析柱（1.6 cm×30 cm）并将其竖直固定在铁架台上，采用经过预处理的 50 g DEAE Sepharose Fast Flow 用玻璃棒引流装入柱中，用去离子水以 12 mL/min 冲柱 5 min，再把流速调节至 8 mL/min，平衡 10 h 以上，压紧填料。

上样：准确称取 200 mg 小球藻多糖 F，加入 20 mL 去离子水，即配制为 10 mg/mL 的多糖溶液，取 10 mL 过 0.45 μm 水系一次性针头滤器，再缓慢加入到层析柱中。依次用去离子水与 0.5 mol/L、1 mol/L、1.5 mol/L 的 NaCl 溶液进行洗脱，流速调为 2 mL/min，保证每管 10 mL，共收集 80 管，采用苯酚硫酸法检测每管样品中多糖的吸光度值，并绘制洗脱曲线。分别收集吸光度值较高的几管样液，采用 3 500 u 的透析袋，透析 48 h 后于 60 ℃浓缩、冻干，即可获得小球藻纯化多糖，分别命名为 F_1、F_2、F_3。

（3）紫外扫描。

分别取纯化后的多糖组分 F_1、F_2、F_3 各 1 mg，加 10 mL 蒸馏水，即将其配制成 0.1%的溶液，4 ℃静置使其充分溶解。取适量样液于比色皿中，测定溶液在 200～400 nm 波长处的吸光度值，以确定氨基酸、蛋白质及核酸的去除情况。

（4）Sephadex G-200 柱层析。

采用葡聚糖凝胶 Sephadex G-200 层析柱（1 cm×20 cm）对上述经过 DEAE Sepharose Fast Flow 柱层析纯化获得的多糖 F_1、F_2、F_3 进行检验，确定其是否为均一性多糖。取适量葡聚糖凝胶 Sephadex G-200 加水过夜溶胀，再沸水煮制至少 1 h，使其充分溶胀。将填料缓慢灌入层析柱中保证柱内无气泡或断层，用 3～5 个柱体积的缓冲液以 0.5 mL/min 的流速平衡柱子超过 18 h。分别准确称取 10 mg F_1、F_2 与 F_3，分别加入 2 mL 去离子水，配成 5 mg/mL 的溶液。取 1 mL 过膜，上样，并分别用去离子水和 0.2 mol/L NaCl 进行洗脱，流速不变，每管收集 3 mL，共收集 40 管，测定多糖质量分数并绘制洗脱曲线。

3. 小球藻多糖的基本组成与分子量的测定

（1）总糖含量的测定。

通过苯酚硫酸法测定各待测样品的总糖含量。分别吸取 0 mL、0.2 mL、0.4 mL、0.6 mL、0.8 mL、1.0 mL、1.2 mL 的标准葡萄糖溶液置于 25 mL 试管中，加蒸馏水补至 2.0 mL。编号 0～6 号，分别添加 1.0 mL 6%苯酚溶液与 5.0 mL 浓硫酸，在自然条件下反应 5 min 并经过沸水浴 10 min 后冷却至室温。将 0 号作为对照，在 490 nm 处测量溶液的吸光度。分别以葡萄糖质量浓度和吸光度值作为水平和垂直坐标来制作葡萄糖含量的标准曲线，并计算样品中多糖含量。得到的标准曲线回归方程为

$$Y=0.108\ 3\ X+0.032\ 1，R^2=0.995\ 4$$

（2）糖醛酸含量的测定。

通过硫酸咔唑法测定各待测样品的糖醛酸含量。用浓硫酸将 0.478 g 四硼酸钠溶解并定容至 100 mL。通过超声处理使其完全溶解的同时将 75 mg 的咔唑用无水乙醇定容于 50 mL，备用。分别取不同体积（20 mL、50 mL、80 mL、120 mL、140 mL、160 mL）0.1 mg/mL 半乳糖醛酸溶液与 0.5 mL 0.1 mg/mL 的多糖样品，加水补至 0.5 mL，添加 2.5 mL 四硼酸钠溶液后沸水浴 30 min，冷却至 25 ℃后添加 0.1 mL 0.15%咔唑，静置 2 h 后测量样品在 530 nm 的吸光度值。最终得到的标准曲线回归方程为

$$Y=0.005\ 38\ X+0.003\ 85，R^2=0.995\ 1$$

（3）硫酸根含量的测定。

硫酸根含量则再通过氯化钡明胶法测定。将 1 g 明胶溶解在 80 ℃的热水中并定容于 200 mL，置于 4 ℃冰箱过夜后用于定容 0.5 g 的 $BaCl_2$。准确称取 54.375 g 硫酸钾，将其溶解于 1 mol/L 的盐酸中并定容至 50 mL，分别取 0 μL、20 μL、40 μL、60 μL、80 μL、100 μL、120 μL、140 μL，用蒸馏水补足至 200 μL 后依次加入 3.8 mL 3%的 TCA 与 1 mL 1%的 $BaCl_2$（含明胶）。静置 15 min 后测量样品在 360 nm 处的吸光度值，同时以 1 mL 0.5%明胶代替 $BaCl_2$ 并测定其吸光度值。取多糖样品 1 mg 溶解于 1 mL 1 mol/L 的盐酸中，密封后于 110 ℃水解 6 h，按照上述步骤测定其吸光度值。获得的标准曲线回归方程为

$$Y = 0.272\,66\,X + 0.008，R^2 = 0.998\,5$$

（4）分子量的测定。

通过凝胶渗透色谱法（GPC）测定小球藻多糖的分子量。以含有 0.02% NaN_3 的 0.1 mol/L $NaNO_3$ 溶液为流动相，真空抽滤 3 次备用。取适量多糖溶解后过 0.22 μm 的一次性水相过滤膜至色谱进样瓶，MW 测量范围为 $200 \sim 2 \times 10^8$ u，标准品为聚乙二醇（PEO）。设置进样量为 100 μL，柱温为 45 ℃，流速为 0.7 mL/min。

4. 小球藻多糖的结构及其他性质的测定

（1）微观结构分析。

通过扫描电子显微镜可以观察到多糖的微观结构，因此将适量已烘干的多糖 F、F_1、F_2、F_3 置于铜片上，粘贴固定好后放于镀金室内中，镀金操作完成后进行电子扫描并拍照。观察放大倍数分别为 500×、5 000×时小球藻多糖的微观结构。

（2）单糖组成分析。

向 2 mg 纯化多糖及 5 μL 10 mg/mL 各单糖标准品中添加 2 mol/L 三氟乙酸 0.5 mL，置于 120 ℃水解 120 min，并用氮吹仪吹干。用甲醇溶液配制 0.5 mol/L 1-苯基-3-甲基-5-吡唑啉酮（PMP），备用。然后进行 PMP 衍生：向水解干燥后得到的单糖样品中加入 PMP 试剂和 0.3 mol/L NaOH 溶液各 0.5 mL，充分混匀，70 ℃水浴

30 min。冷却至 25 ℃，添加 0.5 mL 0.3 mol/L HCl，转入 EP 管内，再添加 0.5 mL 氯仿，涡旋萃取，离心（5 000 r/min，5 min）丢弃氯仿层。萃取 3 次后将水层用 0.22 μm 滤膜过滤后，待上机。

仪器条件：色谱柱为 Thermo ODS 2 C18 柱（4.6 mm×250 mm，5 μm）；流动相为 0.1 mol/L、pH 为 7.0，磷酸盐缓冲液：乙腈=82∶18（体积分数）；流速为 1.0 mL/min；柱温为 25 ℃；进样量为 10 μL；波长为 245 nm。

（3）官能团分析。

通过 KBr 压片法获得小球藻多糖的红外光谱图。取不同组分的小球藻多糖各 3 mg，均与 300 mg KBr 粉末混匀置于 110 ℃的真空干燥箱中，干燥 4 h 后储存于干燥室备用。操作仪器时，首先以研磨 8～10 min 的 KBr 为空白对照进行背景扫描，再将干燥后研磨好的多糖粉末压制成均匀薄片，随后立即上机测定薄片在 400～4 000 cm^{-1} 范围内的透光率。

（4）三股螺旋构象分析。

通过刚果红试验可以确定多糖在水溶液中是否会呈现出三股螺旋构象。因此依据文献将制备的小球藻纯化多糖 F_1、F_2、F_3 配制成 0.5 mg/mL 溶液，同时准备足量的 60 μmol/L 刚果红溶液与 2 mol/L NaOH 溶液。依次取 2 mL 各多糖溶液或蒸馏水、2 mL 刚果红溶液以及不同体积的 NaOH 溶液使得终浓度分别为 0 mol/L、0.05 mol/L、0.1 mol/L、0.15 mol/L、0.2 mol/L、0.3 mol/L、0.4 mol/L、0.5 mol/L，静置 15 min，测定多糖在不同浓度的 NaOH 溶液中最大吸收波长的变化情况。

（5）热学性质分析。

在保持动力学状态和热质传递效应的前提下，取适量较小粒径的多糖粉末放入仪器坩埚中，测试质量与温度的变化关系。为了消除氧化对质量变化的影响，因此在氮气气氛下进行热分解试验。同时，参照已报道的方法将升温速率程序设置为 10 ℃/min，使温度从 38 ℃缓慢上升到 800 ℃。

（6）流变学特性分析。

为了确定纯化多糖在不同剪切速率中表观黏度的变化。用蒸馏水将纯化多糖配制成质量分数为 1%与 2%的溶液，待其完全溶解后通过流变仪测定溶液黏度。设置温度为 25 ℃，剪切速率变化范围为 0.1～100 s^{-1}，并绘制剪切速率与黏度的关系曲线。

为了确定不同质量分数纯化多糖的动态黏弹性。用蒸馏水溶解多糖并将其配制成质量分数为 1%与 2%，待其完全溶解后通过流变仪测定溶液的储能模量 G' 与损耗模量 G''。并参照文献设置温度为 25 ℃，剪切应变为 0.1%，测定纯化多糖在角频率从 0.1 rad/s 增加到 100 rad/s 时溶液储能模量 G' 与损耗模量 G'' 的变化，并绘制多糖的角频率与 G'、G'' 的关系曲线。

（7）抗氧化活性分析。

对 Kumar 等描述的方法略加修改后用于测定小球藻纯化多糖对 DPPH· 的清除活性；参照 Thambiraj 等使用的方法测定小球藻纯化多糖对 ABTS$^+$ 的清除能力；通过 Arun 等描述的水杨酸法测定小球藻纯化多糖对 ·OH 的清除性能；采用邻苯三酚自氧化法测定小球藻纯化多糖清除 O$_2^-$· 的能力。

（8）数据处理及分析。

通过 SPSS 17.0 对试验数据进行系统分析，并依据 Design-Expert 8.05 软件中的 Box-Behnken 操作试验、分析数据。每个样品重复测定两次，取其平均值。

2.3 结果与分析

2.3.1 小球藻粗多糖的提取

1. 单因素试验

（1）复合酶种类的确定。

小球藻粗多糖提取过程中，酶种类及添加量对粗多糖提取率的影响结果见表 2.2。从表 2.2 可以看出，以小球藻粗多糖的提取率为指标时，其提取率随酶添加量的增加而先增加后略微降低。同时发现单一使用纤维素酶的效果好于单一使用木瓜蛋白酶的效果，但仍是两种酶以质量比为 1∶1 合用时，粗多糖的提取率较高，且复合酶的添加量为 1.5% 时，粗多糖的提取率可达到 5.25%，推测或许是由于复合酶可以充分发挥其酶解作用。因此，后续试验采用复合酶提取粗多糖。

表 2.2　酶种类及添加量对小球藻粗多糖提取率的影响

酶种类	质量分数/%	小球藻粗多糖提取率/%
木瓜蛋白酶	0.5	3.21
	1	3.98
	1.5	4.89
	2	4.11
	2.5	3.32
纤维素酶	0.5	3.53
	1	4.68
	1.5	5.03
	2	4.98
	2.5	4.35
复合酶 （纤∶木=1∶1）	0.5	3.59
	1	4.83
	1.5	5.25
	2	5.00
	2.5	4.86

（2）不同因素对小球藻多糖提取率的影响。

不同的提取因素会造成粗多糖的提取率不同，图 2.1 为复合酶添加量、液料比、pH 与酶解温度对小球藻粗多糖提取率的影响。

从图 2.1（a）可以看出，当复合酶添加量逐渐增加至 1.5% 时，粗多糖的提取率快速增加至最大值，酶添加量继续增加时，粗多糖的提取率反而有所降低。出现这种变化趋势的原因可能是适宜的酶量能加速粗多糖在水溶液中的溶解，但复合酶使用量过高时会造成糖苷键的分解，使得粗多糖的提取率偏低。

从图 2.1（b）可以看出，等质量的小球藻粉溶解于不同质量的蒸馏水中，会使得粗多糖的提取率发生改变。粗多糖提取率最大时，液料比为 20∶1，但随后提取率基本维持稳定，表明此液料比可以使得粗多糖基本溶出。所以选择 20∶1 为适宜的液料比。

影响粗多糖提取率的另一个至关重要的因素是 pH。如图 2.1（c）所示，溶液过酸或中性均会导致小球藻粗多糖的提取率严重降低，若控制 pH 为 5.0，粗多糖的提取率可达到最大，表明此时复合酶可以有效地发挥作用，这可能是由于此时两种酶均处于适宜的 pH 范围内。

另外，还考查了酶解温度对小球藻粗多糖提取率的影响。图 2.1（d）表明，在一定范围内，酶解温度增加会使得溶液中分子间的作用更加有效，从而使得粗多糖的提取率达到最高，但温度高于 40 ℃时，复合酶的结构不能维持原状而继续发生酶解作用，使得粗多糖的提取率急剧下降。这种变化或许与酶的最适反应温度相关。

综上所述，较为适宜的提取条件为：复合酶添加量 1.5%、液料比 20∶1、pH= 5.0、酶解温度 40 ℃。

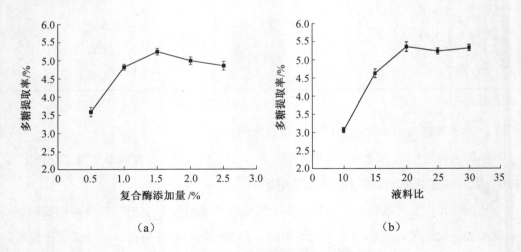

（a）   （b）

图 2.1 不同因素对小球藻多糖提取率的影响

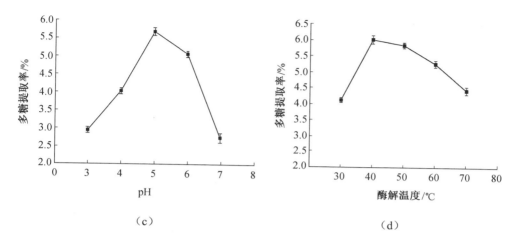

（c）　　　　　　　　　　　　（d）

续图 2.1

2. Box-Behnken 试验设计与方差分析

Box-Behnken 设计优化了小球藻粗多糖的最佳工艺参数。在对试验数据进行多重分析的基础上，利用二阶多项式方程所建立的数学模型，并将响应变量与测试的真实值相联系，研究自变量与响应值的组合关系，从而优化出多糖得率较高的试验条件。试验设计的 29 组试验设计及结果见表 2.3，分析所得的二阶多项式方程为

$$Y = 6.56 - 0.075A - 0.060B + 0.41C - 0.13D - 0.11AB + 0.49AC - 0.12AD - 0.14BC -$$
$$0.010BD - 0.073CD - 0.32A^2 - 0.47B^2 - 1.08C^2 - 0.61D^2$$

式中，Y 为小球藻粗多糖提取率；A、B、C、D 分别为液料比、复合酶添加量、pH 与酶解温度。

表 2.3　Box-Behnken 试验设计及结果

序号	液料比	复合酶添加量/%	pH	酶解温度/℃	粗多糖提取率/%
1	20：1	1.5	5	40	6.45
2	20：1	1	4	40	4.13
3	25：1	1	5	40	5.86
4	20：1	2	5	50	5.47

续表 2.3

序号	液料比	复合酶添加量/%	pH	酶解温度/℃	粗多糖提取率/%
5	15 : 1	2	5	40	5.60
6	20 : 1	1.5	4	30	4.54
7	15 : 1	1.5	5	50	5.87
8	20 : 1	1.5	5	40	6.80
9	15 : 1	1.5	6	40	5.01
10	25 : 1	1.5	5	50	5.36
11	25 : 1	1.5	5	30	5.66
12	20 : 1	1.5	5	40	6.55
13	20 : 1	1	6	40	6.23
14	20 : 1	2	4	40	4.09
15	20 : 1	1.5	6	30	5.09
16	20 : 1	1.5	6	50	4.74
17	25 : 1	1.5	4	40	4.60
18	25 : 1	2	5	40	5.39
19	20 : 1	1	5	30	5.74
20	20 : 1	2	5	30	5.97
21	20 : 1	1.5	5	40	6.91
22	15 : 1	1.5	4	40	5.76
23	20 : 1	2	6	40	5.65
24	15 : 1	1	5	40	5.65
25	25 : 1	1.5	6	40	5.82
26	20 : 1	1	5	50	5.28
27	20 : 1	1.5	4	50	4.48
28	20 : 1	1.5	5	40	6.11
29	15 : 1	1.5	5	30	5.70

从表 2.4 可以看出，因素 pH、酶解温度、液料比、复合酶添加量对小球藻粗多糖提取率的影响程度依次降低。另外失拟项可以用来判断模型的有效性，且 P 值可以检验模型的意义。本试验所获得的失拟项（$P>0.05$）是不显著的，模型的 P 值为极显著，表明该模型可以用于预测小球藻粗多糖的提取率，优化出适宜的工艺条件。通过对变量之间的关系分析，可以发现，变量（C）与二次项（C^2、D^2）对粗多糖提取率有极显著影响（$P<0.05$），而相互作用（AC）与二次项（B^2）对粗多糖的提取率有显著影响。其他试验结果也表明该方法获得的模型具有较高的可信度和良好的拟合性，适用于预测粗多糖提取率的真实值。

表 2.4　二次回归方程方差分析

来源	平方和	自由度	均方	F 值	P 值
模型	12.54	14	0.90	4.91	0.002 6
料液比（A）	0.068	1	0.068	0.37	0.552 8
复合酶添加量（B）	0.043	1	0.043	0.24	0.634 1
pH（C）	2.03	1	2.03	11.14	0.004 9
酶解温度（D）	0.19	1	0.19	1.03	0.328 0
AB	0.044	1	0.044	0.24	0.630 7
AC	0.97	1	0.97	5.32	0.037 0
AD	0.055	1	0.055	0.30	0.591 0
BC	0.073	1	0.073	0.40	0.537 6
BD	4.000×10^{-4}	1	4.000×10^{-4}	2.191×10^{-3}	0.963 3
CD	0.021	1	0.021	0.12	0.739 3
A^2	0.65	1	0.65	3.58	0.079 3
B^2	1.43	1	1.43	7.85	0.014 1
C^2	7.63	1	7.63	41.83	<0.000 1
D^2	2.45	1	2.45	13.44	0.002 5

续表 2.4

来源	平方和	自由度	均方	F 值	P 值
残差	2.56	14	0.18		
失拟	2.16	10	0.22	2.19	0.234 1
误差	0.39	4	0.099		
总和	15.09	28			

3. 响应面与验证试验分析

响应面法获得的三维响应曲面图可以清楚地展示出各因素对粗多糖提取率的作用效果，结果如图 2.2 所示。三维响应曲面图是将两个参数设置在零水平，显示出另外两个参数之间的相互作用。而且曲面的陡峭程度与投影的形状分析可得出因素间交互作用的显著程度，曲面越陡峭且投影呈椭圆形时表明两因素间的交互作用越显著。图 2.2（a）是将 pH 与酶解温度设置在零水平，显示出料液比与复合酶添加量间的交互作用不显著。从图 2.2（b）可知，随着液料比与 pH 的增加，粗多糖提取率明显增加后略微下降，且两因素间的交互作用比较显著。图 2.2（c）的陡峭程度相对比较平缓，投影形状几乎呈圆形，表明液料比与酶解温度间的交互作用也不显著。图 2.2（d）是将液料比与酶解温度分别设定为 20∶1、50 ℃时，随着 pH 与复合酶添加量的增加，粗多糖的提取率先增加后降低。图 2.2（e）显示复合酶添加量与酶解温度逐渐增加时，粗多糖的提取率增长幅度变化较小，且陡峭程度较低，表明两者之间的相互作用效果不显著。图 2.2（f）为 pH 与酶解温度的相互作用，pH 增加，粗多糖提取率呈显著上升趋势，而酶解温度增加时，粗多糖提取率增加趋势微弱。综合分析发现，pH、酶解温度、液料比、复合酶添加量对响应值的影响程度依次降低，此结果与表 2.4 的结果相符。

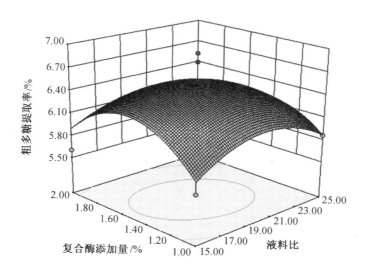

（a）复合酶添加量与液料比

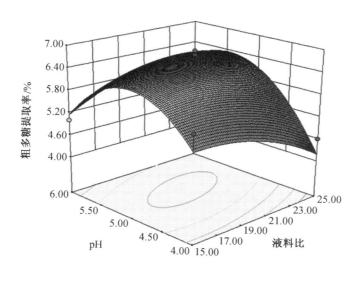

（b）液料比与 pH

图 2.2　各因素间交互作用对小球藻粗多糖提取率的影响

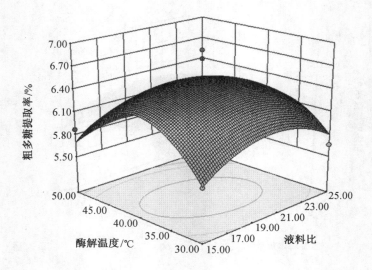

（c）液料比与酶解温度

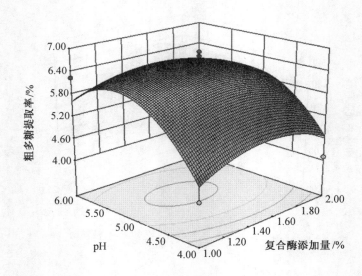

（d）复合酶添加量与 pH

续图 2.2

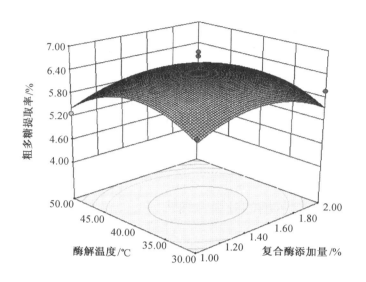

（e）酶解温度与复合酶添加量

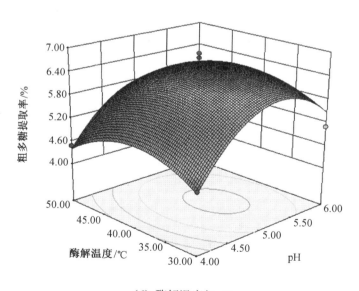

（f）酶解温度与 pH

续图 2.2

该试验方法的目的是在试验参数水平上，使得粗多糖最大限度地分离出来以维持相对较高的提取率。此外，响应面法获得的较优提取参数仍需进一步真实试验的验证。因此，为了便捷地操作试验，将模型优化的试验条件（液料比 20∶1、复合酶添加量 1.45%、pH=5.22、酶解温度 38.76 ℃，此时预测的响应值为 6.62%）略加调整（液料比 20∶1、复合酶添加量 1.45%、pH=5、酶解温度 39 ℃）并进行实际操作。经过 3 次重复试验发现，实际条件下粗多糖的提取率为 6.56%，这与模型预测值之间的相对误差为 0.52%，进一步表明可以实施此方法对小球藻粗多糖提取率进行预测。

2.3.2 小球藻粗多糖的分离与纯化

1. 脱蛋白方法的选择

（1）TCA 脱蛋白法。

TCA 法对小球藻粗多糖的蛋白质脱除率及多糖损失率的影响结果如图 2.3 所示。从图 2.3 中可得，当采用 TCA 法脱蛋白时，蛋白质脱除率相对较高，且最高可达到 95% 以上，但多糖损失率在持续上升而且当添加量在 2%～5% 之间时，上升趋势十分明显，最终导致多糖损失率达到 30% 以上。有文献报道称此方法会导致多糖结构的降解而且易引起环境污染。综合分析，确定此方法不适于小球藻粗多糖的除蛋白工艺。

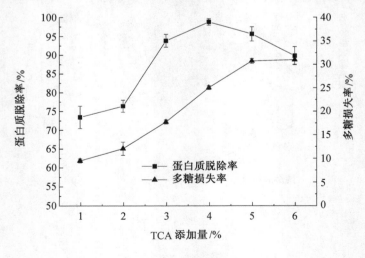

图 2.3　TCA 脱蛋白效果

（2）Sevage 脱蛋白法。

Sevage 法对小球藻粗多糖的蛋白质脱除率及多糖损失率的影响结果如图 2.4 所示。由图 2.4 可得，当采用 Sevage 法脱蛋白时，随着脱蛋白次数的增加，蛋白质脱除率先缓慢增加后基本稳定于 90%～95% 之间。脱蛋白次数小于 6 次时，多糖损失率明显增加，随后基本保持于 25% 以下。由此可知，循环 6 次 Sevage 法脱蛋白工艺的效果较好，既可达到蛋白质脱除率为 92.27%，又可以使得多糖损失率维持在 25% 以下。

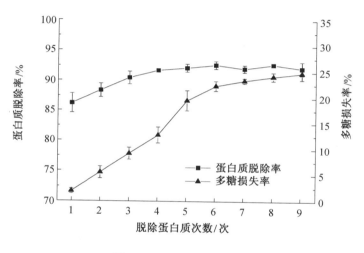

图 2.4　Sevage 脱蛋白效果

2. 阴离子交换柱层析的纯化

图 2.5 所示为小球藻多糖 F 经过 DEAE Sepharose fast flow 柱层析所收集的不同管数中液体的吸光度值。由图 2.5 可得，粗多糖经过脱蛋白、DEAE Sepharose fast flow 柱层析、透析、冻干可获得 3 种级分的活性多糖（F_1、F_2、F_3），此结果与 Jia 等获得的结果不同，即存在组分 F_3，这可能是由提取方法或者纯化条件不同所造成的。其中多糖 F 经去离子水洗脱可获得澄清透明的 F_1 溶液，冻干后为蓬松白色絮状物，而不同浓度（0.5 mol/L、1 mol/L）的 NaCl 溶液洗脱可分别获得淡黄色的 F_2 溶液与澄清透明的 F_3 溶液，冻干后分别为淡黄色和乳白色蓬松絮状物。

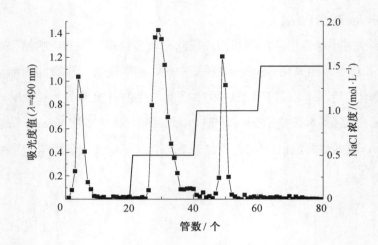

图 2.5　DEAE Sepharose Fast Flow 柱层析洗脱图

3. 纯度鉴定

（1）紫外扫描。

图 2.6 所示分别为 3 种纯化多糖在 200～400 nm 处的紫外光谱扫描图。从图 2.6 可以看出，3 种多糖在 260 nm 与 280 nm 处均无明显的吸收峰，这初步表明经过 DEAE Sepharose Fast Flow 柱层析的小球藻纯化多糖几乎不含蛋白质、氨基酸与核酸。

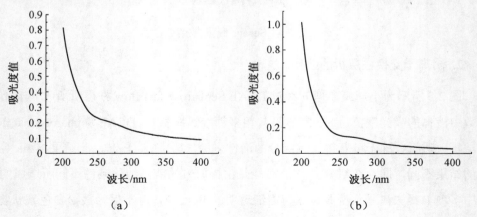

图 2.6　小球藻纯化多糖的紫外扫描图

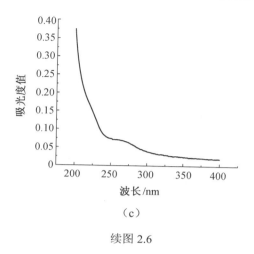

（c）

续图 2.6

（2）葡聚糖凝胶柱层析。

通过葡聚糖凝胶柱层析可进一步验证纯化多糖是否接近均一性多糖。本试验中 Sephadex G-200 层析柱分析结果如图 2.7 所示。从图 2.7 可以看出，以去离子水为洗脱剂的多糖 F_1 与以 0.2 mol/L NaCl 溶液为洗脱剂的多糖 F_2 的出峰时间几乎接近，且为峰型基本对称的单峰。但洗脱剂种类与洗脱条件同 F_2 一致的多糖 F_3 的出峰时间稍晚。由此推测 F_3 的分子量可能会略大于 F_2，但具体数值还需进一步测定。从整体上看，纯化多糖 F_3 也呈现出单一的吸收峰且峰型基本对称，表明小球藻纯化多糖（F_1、F_2、F_3）均接近于均一组分。

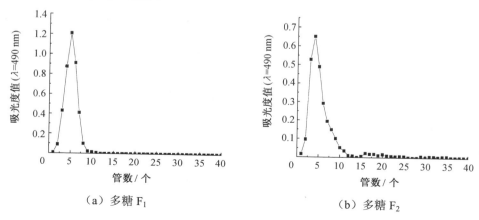

（a）多糖 F_1　　　　　　　　　　　　（b）多糖 F_2

图 2.7　小球藻纯化多糖的葡聚糖凝胶 G-200 柱层析图

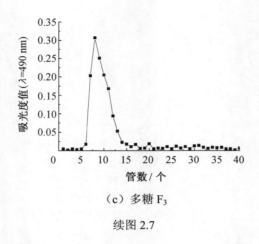

（c）多糖 F₃

续图 2.7

2.3.3 小球藻多糖的特性分析

1. 基本组成与分子量分析

众所周知，绿藻可能会通过适应培养条件（氮耗减量、温度）而选择性的改变生物量的组成。因此，不同种类及不同产地的原料也可能会导致小球藻多糖成分及含量的改变。本书所提取的小球藻多糖的基本组成与分子量测定结果见表 2.5。

由表 2.5 可得，不同组分的各组成成分含量不同且分子量差异较大。小球藻多糖 F 通过进一步分离、纯化可获得提取率为 51.91% 的 F_2，为提取率最高组分。虽然 F_1 与 F_3 提取率相对较低，但纯化多糖的总糖含量均比 F 有所升高。在小球藻多糖的研究过程中，研究者一般关注于总糖、蛋白质和总酚等成分，鲜有文献报道小球藻纯化多糖中糖醛酸与硫酸根的含量。本书的结果显示，F_2 的糖醛酸含量较高，硫酸根含量相对较低，F_3 的硫酸根含量最高，F_1 的糖醛酸含量最低。此外还发现纯化多糖中的醛酸含量明显降低，但含量之和几乎接近未纯化前的多糖 F。表 2.5 还显示出 F_1、F_2、F_3 的 MW 分别为 27.15 ku、1.058×10^3 ku、5.576×10^3 ku。这与之前的文献报道的结果略有差异，推测可能是因为样品的种类与来源不同，提取与纯化方法具有差异性。

表 2.5　小球藻多糖的组成成分

组成	F	F₁	F₂	F₃
提取率/%	—	4.02	51.91	9.53
总糖/%	64.23 ± 0.59	73.47 ± 0.86	72.34 ± 0.80	70.93 ± 0.73
糖醛酸/%	7.43 ± 0.11	0.60 ± 0.27	4.99 ± 0.82	1.84 ± 0.22
硫酸根/%	14.26 ± 0.47	16.30 ± 0.64	13.45 ± 0.56	18.22 ± 0.76
MW/ku	—	27.15	1.058×10^3	5.576×10^3

2. 微观结构分析

图 2.8 为小球藻多糖 F 与纯化多糖在不同放大倍数下的微观形态。

图 2.8（a）与图 2.8（b）是小球藻多糖 F 的扫描电镜图。结果显示，放大 500 倍时多糖 F 呈现片状堆积，表面光滑，提高放大倍数至 5 000 倍且粒度保持在 10 μm 时可见明显的柱状结构，且表面光滑。

图 2.8（c）与图 2.8（d）分别是纯化多糖 F_1 在放大 500 倍与放大 5 000 倍时的扫描电镜图。观察图 2.8（c）与 2.8（d）可知，F_1 样品呈现错综复杂的纤维细丝状，提高放大倍数可见明显的柱状结构，且表面较为平整，可能是大量的分子或分子集团聚集形成不同样式的束而导致的。

图 2.8（e）与图 2.8（f）是纯化多糖 F_2 的扫描电镜图。F_2 的微观形貌显示，其放大 500 倍时呈现片状与碎屑状堆积，而放大 5 000 倍时可见明显的、大量无规则交叉连接的立体网状结构，且表面光滑，说明分子间的相互作用较强。

图 2.8（g）与图 2.8（h）分别是纯化多糖 F_3 的扫描电镜图。从图 2.8（g）、（h）中看出，多糖 F_3 放大 500 倍时呈现片状堆积，提高放大倍数可见明显的片状结构，且表面含有不规则的凸起与凹陷，说明此多糖内可能存在一些聚集体，它们之间存在一定排斥力。

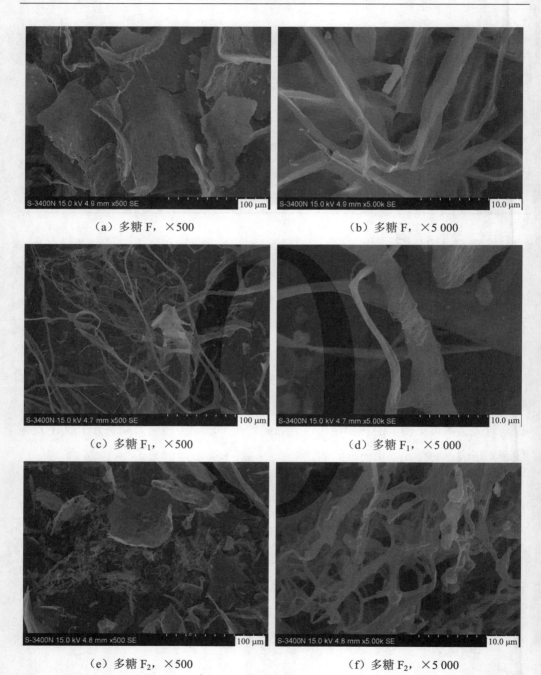

（a）多糖 F，×500　　　　　　　　（b）多糖 F，×5 000

（c）多糖 F_1，×500　　　　　　　（d）多糖 F_1，×5 000

（e）多糖 F_2，×500　　　　　　　（f）多糖 F_2，×5 000

图 2.8　小球藻多糖的扫描电镜图

 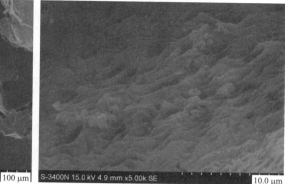

（g）多糖 F_3，×500　　　　　　　　（h）多糖 F_3，×5 000

续图 2.8

3. 单糖组成分析

采用高效液相色谱（HPLC）分析 F_1、F_2、F_3 的单糖组成，结果如图 2.9 所示。图 2.9（a）所示为 8 种单糖及两种糖醛酸标品的出峰图，图 2.9（b）～（d）显示出 F_1、F_2、F_3 的单糖组成。由图 2.9 可知，在 10 min 左右出现的峰为溶剂峰，3 种多糖之间均含有不同种类与不同含量的单糖。多糖 F_1 主要由 Man、Rha、Glu、Gal、Xyl、Ara、Fuc 组成，物质的量比为 14.79：3.42：18.02：73.99：1.54：4.72：2.13，但无 GlcA；F_2 是由 Man、Rha、GlcA、Glu、Gal、Xyl、Ara、Fuc 组成，物质的量比为 10.93：13.30：5.86：7.12：49.73：6.78：12.60：17.92，且存在一些未知糖类的峰；F_3 则含有 Man、Rha、GlcA、Gal、Xyl、Ara，物质的量比为 2.08：12.10：1.31：3.69：1.43：16.18，以及少量的 Glu、Fuc、GalA；此外，极少量的 Rib 仅存在于 F_1 中。

综上可知，F_1 主要是由 Gal（62.90%）、Glu（15.44%）和 Man（12.67%）组成，F_2 主要是由 Gal（41.85%）、Fuc（13.74%）、Rha（10.20%）组成，F_3 主要是由 Rha（32.33%）、Ara（39.55%）、Gal（10.82%）组成，即小球藻多糖是一种以 Gal 为主的杂多糖。此结果与 Song 等所测的小球藻多糖中最主要的单糖相同，但不同于一些学者的观点，他们认为葡萄糖是优势单糖，而且解释到微藻多糖的化学成分与小球藻物种和生长条件以及提取方法密切相关。

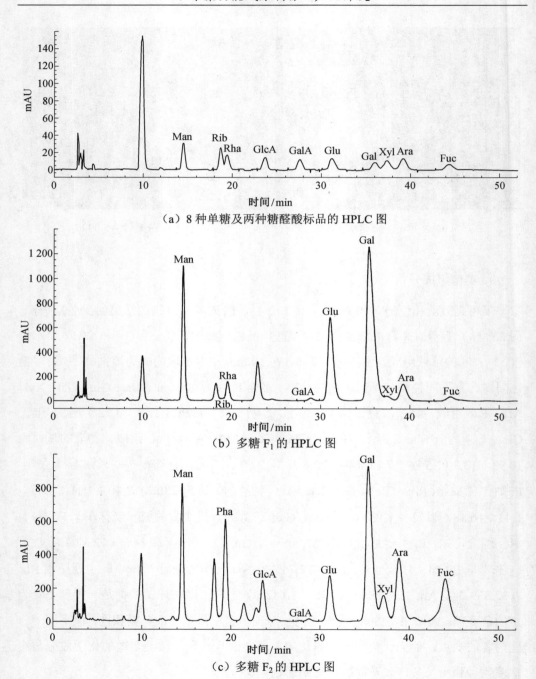

（a）8 种单糖及两种糖醛酸标品的 HPLC 图

（b）多糖 F_1 的 HPLC 图

（c）多糖 F_2 的 HPLC 图

图 2.9　小球藻纯化多糖的 HPLC 色谱图

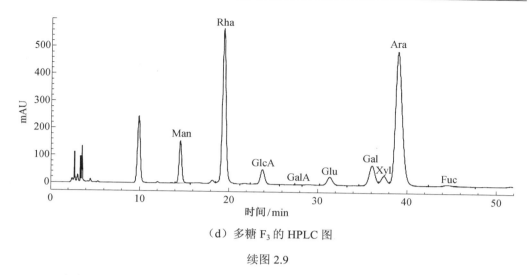

（d）多糖 F_3 的 HPLC 图

续图 2.9

4. 官能团分析

图 2.10 所示为多糖 F、F_1、F_2 与 F_3 的傅里叶变换红外光谱（FT-IR）图。这 4 种多糖均在 3 300～3 500 cm^{-1} 范围内出现较宽而强的峰，为游离—OH 中的 O—H 伸缩振动产生，同时这也是多糖的一个特征吸收峰，它是半乳糖醛酸骨架间或分子内氢键的存在所致。F 与 F_2 在 2 934.69 cm^{-1} 处的吸收峰，表明 F 与 F_2 内含有 C—H 伸缩振动。但 F_1 与 F_3 不仅在 2 929.8 cm^{-1} 处有吸收峰而且在 2 853.68 cm^{-1} 处出现小峰，意味着 F_1 与 F_3 可能存在亚甲基（—CH$_2$—）。在 1 600～1 850 cm^{-1} 范围内的吸收带是由 C=O 不对称和对称拉伸振动引起的。因此，F、F_1、F_2 与 F_3 分别在 1 722.43 cm^{-1}、1 726.29 cm^{-1}、1 730.15 cm^{-1}、1 730.15 cm^{-1} 波长处出现尖锐的小吸收峰可能是由 C=O 伸缩振动所造成的。同时，这 4 种多糖在 1 635～1 655 cm^{-1} 范围内出现的强峰为酰胺 I 谱带，这与酰胺基中的 C=O 拉伸振动有关。另外，在 1 415.27 cm^{-1} 附近产生的吸收峰是由 4 种多糖中的 C—H 变角振动而形成的吸收峰，在 1 384.89 cm^{-1} 附近形成的单峰是纯化多糖的 C—H 对称剪切式振动而形成的单峰，表明纯化多糖中存在孤立甲基。整体上，小球藻多糖在纯化前后的红外光谱基本一致，但硫酸基团拉伸时的移动速度与强度略有改变。多糖 F、F_1、F_2、F_3 分别在 1 251.80 cm^{-1}、1 222.87 cm^{-1}、1 249.87 cm^{-1}、1 230.58 cm^{-1} 处的吸收峰是 S=O 伸缩振动所引起的。波数在 800～

1 200 cm⁻¹ 范围内被认为是碳水化合物的指纹区域。在该区域范围内，F、F_1、F_2、F_3 分别在 1 056.99 cm⁻¹、1 080.14 cm⁻¹、1 072.42 cm⁻¹、1 060.85 cm⁻¹ 处形成强峰，代表多糖中存在 C—O 弯曲振动。然而，F_3 在 846.75 cm⁻¹ 处的吸收峰为 α-吡喃糖的特征吸收峰。FT-IR 分析进一步证实了小球藻多糖是一类含有硫酸基团的藻类多糖。

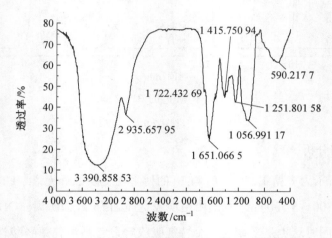

（a）多糖 F 的 FT-IR 图

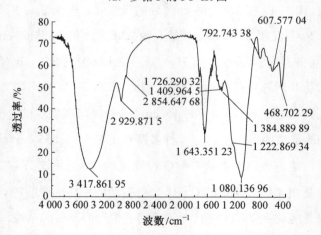

（b）多糖 F_1 的 FT-IR 图

图 2.10　小球藻多糖的 FT-IR 分析

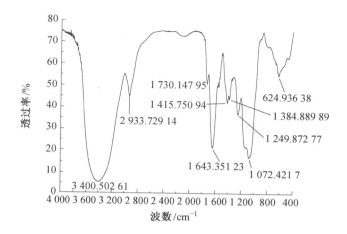

（c）多糖 F₂ 的 FT-IR 图

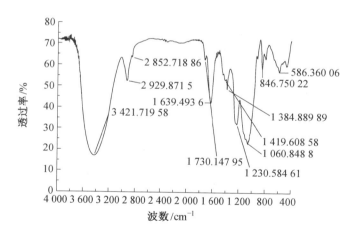

（d）多糖 F₃ 的 FT-IR 图

续图 2.10

在碱性介质中，刚果红染料可以与三螺旋结构的多糖反应形成络合物而导致溶液的最大吸收波长发生红移，即表现为在可见光波范围内，朝着波长增加、频率降低的方向发生移动。在不同浓度范围的 NaOH 溶液中，小球藻纯化多糖溶液的最大吸收波长的变化如图 2.11 所示。从图 2.11 中可以看出，随着 NaOH 浓度的增加，纯化多糖的最大吸收波长在不同的 NaOH 浓度条件下发生了相同程度的降低，则表现为蓝移现象，说明纯化多糖在水溶液中不呈现三股螺旋结构，而表现为无规则线团链构象。

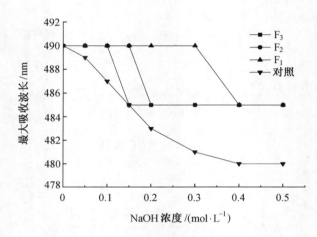

图 2.11　小球藻纯化多糖的最大吸收波长

5. 热学性质

图 2.12 所示为小球藻纯化多糖在氮气气氛下的热重（TG）与微商热重（DTG）变化曲线。纯化多糖在不同的分解温度下有不同的降解速率。温度从 38.8～800 ℃的温升过程中，F_1 与 F_2 均经历了两次减重阶段，而 F_3 则有 3 个失重峰。

在第一失重阶段，F_1、F_2、F_3 质量的变化相对缓慢，失重峰基本相似且对称。从 TG 与 DTG 曲线可以直接观察到，F_1 与 F_2 均在温度为 61.3 ℃时出现失重峰，失重量分别为 6.03% 与 5.83%，而 F_3 则在 66.3 ℃时失重 4.93%，这主要是多糖中吸附水和结晶水的蒸发所致。表明冻干的纯化多糖中仍含有一定的水分，且 F_1 的含水量最高。

F_1、F_2 与 F_3 在 180～500 ℃之间出现一个明显而快速的失重峰，为第二失重阶段。与 F_2 相比，F_1 的峰形相对宽广，而 F_3 的峰形非常尖锐。F_1 的失重量最大为 67.85%，F_2 的失重量最小为 43.87%，F_3 的失重量适中为 48.55%。F_1、F_2 与 F_3 的热分解温度分别对应于 291.3 ℃、278.8 ℃和 238.8 ℃。结果表明，多糖在此温度范围内随着温度的逐渐升高，F_3、F_2 与 F_1 依次经历了强烈的热分解过程，表明当温度低于 180 ℃时基本保持稳定。

当温度升高至 600 ℃时，仅 F_3 存在较小的失重峰，为第三失重阶段。此峰的峰型拐点为 748.8 ℃，失重率为 11.63%。在此阶段，F_3 表现出不同于 F_1 和 F_2 的热性能，表明温度在 600~800 ℃范围内 F_3 的部分化合物进一步发生了剧烈的热裂解反应。最终，纯化多糖的残留量均小于 37%。

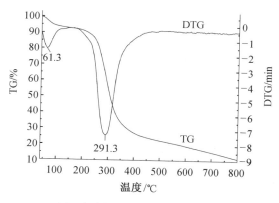

（a）小球藻多糖 F_1 的 TG /DTG 图

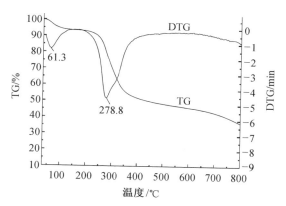

（b）小球藻多糖 F_2 的 TG /DTG 图

图 2.12　小球藻纯化多糖的热重与微商热重分析

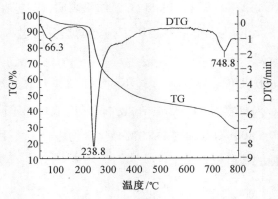

（c）小球藻多糖 F_3 的 TG /DTG 图

续图 2.12

6. 流变学特性

（1）稳态流变性分析。

微小的剪切应力会使得溶液流动性增强，表明某些外力的作用会使溶液的黏性降低，不仅可以降低食品加工过程中的能耗，而且可以增加食物的口感。当应变力停止时，黏度恢复，能够减少外力的破坏作用。因此，探索小球藻多糖的静态流变学特性，更能为小球藻多糖的产品加工提供理论依据。图 2.13 显示出 3 种不同纯化多糖溶液的黏度随剪切速率的变化情况。

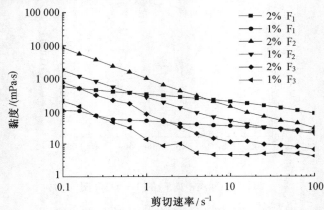

图 2.13　纯化多糖溶液的黏度与剪切速率曲线

由图 2.13 可知，不同组分的多糖均表现为黏度随溶液质量分数的增大而增大。随着剪切速率的增加，F_2 与 F_3 的质量分数依赖性程度逐渐减弱，这是因为剪切力会破坏较高浓度下的许多链间结构，导致系统黏度随剪切速率的增加而降低。整体上，质量分数为 1% 与 2% 的 F_2 的黏度均高于 F_3。剪切速率在 $0.1 \sim 100 \ \text{s}^{-1}$ 范围内，F_1 的黏度变化范围相对较小，几乎可以表现为较弱的假塑性流体。依据非牛顿流体的特征表现为黏度随剪切速率的增加而减小，可以确定 F_2 与 F_3 的水溶液均表现为假塑性流体状态，即小球藻多糖溶液为非牛顿流体。

（2）动态黏弹性分析。

图 2.14 所示为两种不同质量浓度小球藻纯化多糖的动态黏弹性变化曲线图。

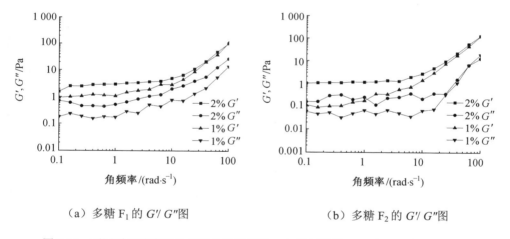

（a）多糖 F_1 的 G'/ G''图　　　　　　（b）多糖 F_2 的 G'/ G''图

图 2.14　不同质量浓度纯化多糖的储能模量 G' 与损耗模量 G'' 同角频率之间的关系

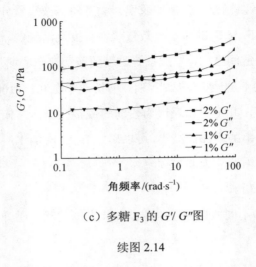

（c）多糖 F₃ 的 G'/ G'' 图

续图 2.14

由图 2.14 可知，当角频率小于 1 rad/s 时，所有多糖的储能模量（G'）与损耗模量（G''）基本保持不变；角频率继续增加到 10 rad/s，F₁ 与 F₃ 的 G' 与 G'' 开始缓慢增加，而 F₂ 仍基本维持稳定；随后，F₁ 与 F₃ 的 G' 与 G'' 出现明显的增加趋势，具有一定的角频率依赖性，但 F₁ 直到快接近 100 rad/s 时，才开始出现较明显的增长趋势。若角频率低于 10 rad/s，纯化多糖的质量浓度与 G' 与 G'' 呈正相关；随着角频率的增加至接近 100 rad/s 时，质量浓度对 F₁ 与 F₃ 的 G' 与 G'' 的影响逐渐减弱至几乎无影响，但质量浓度对 F₂ 的 G' 与 G'' 的影响基本不变。角频率在 0.1～100 rad/s 的范围内，相同质量浓度的纯化多糖始终展示出比较明显的 G' 大于 G'' 且无交叉的现象，则表现为固体的弹性行为，表明小球藻多糖为非凝胶型多糖。

7. 抗氧化活性

由图 2.15（a）可知，当 F₂ 与 F₃ 质量浓度达到 4 mg/mL 时，清除 DPPH·能力基本稳定且相近维生素 C，但与不同质量浓度的 F₁ 相比，其质量浓度依赖性更加明显，抗氧化能力更强。纯化多糖均随质量浓度的增加，DPPH·的清除作用逐渐增加，但 F₂ 的清除活性略强于 F₃ 与 F₁，清除率最高可达（88.58±0.53）%。

如图 2.15（b）所示，F_1、F_2 及 F_3 清除 $ABTS^+$ 能力呈现明显的剂量依赖性增加趋势。尽管纯化多糖的清除能力均不如维生素 C（VC），但仍表现出较强的清除活性。当质量浓度为 5 mg/mL 时，F_1 的清除率高于 F_2 可达到 80%左右，但 F_3 的清除活性仅有 63.97%。表明小球藻纯化多糖对抗氧化损伤有一定的保护作用。

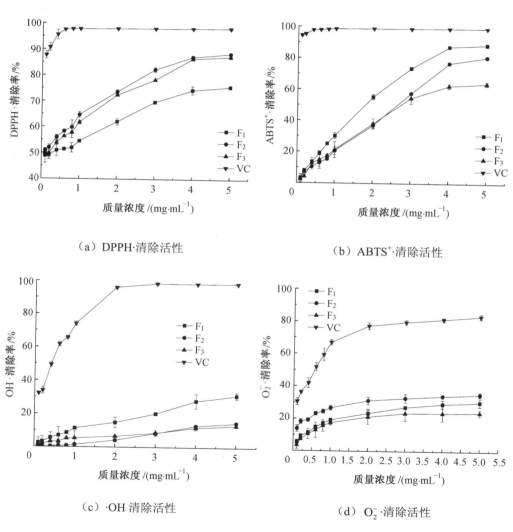

（a）DPPH·清除活性　　　　　　　　（b）$ABTS^+$·清除活性

（c）·OH 清除活性　　　　　　　　（d）O_2^-·清除活性

图 2.15　小球藻纯化多糖的抗氧化活性

图 2.15（c）结果表明纯化多糖对·OH 有一定的清除作用。虽在质量浓度测定范围内纯化多糖的清除能力均显著弱于 VC，但清除能力均与质量浓度的增加呈现正相关，且增加趋势均较缓慢。当质量浓度高于 4 mg/mL 时，F_2 与 F_3 对·OH 的清除率几乎保持稳定，F_1 仍略有所增加，最终 F_1 对·OH 的清除能力略超过 F_2 与 F_3 的两倍，且最高达 30%左右。

虽然 O_2^-·在大多数生物中是一种相对较弱的氧化剂，但超氧自由基及其衍生物仍具有细胞损伤作用。因此，清除 O_2^-·也可表示多糖潜在的抗氧化能力。图 2.15（d）显示出随着纯化多糖质量浓度的增加，对 O_2^-·清除作用逐渐增强。而且当多糖质量浓度达到 2 mg/mL 时，样品的清除能力均保持稳定。在所有试验浓度下，VC 对 O_2^-·清除率显著高于小球藻多糖，同时 F_2 的清除率高于 F_1、F_3。

2.4 本章小结

本书以小球藻粉为主要原料，优化了复合酶法提取小球藻粗多糖的工艺条件，对粗多糖进行分离纯化与初步鉴定后，系统地表征出纯化多糖的组成成分、结构特征、理化性质等，在此基础上制备了小球藻多糖口服液，并分析了口服液的基本性质与抗氧化活性，为小球藻多糖的进一步开发应用奠定基础。主要结论如下。

（1）以小球藻粗多糖提取率为指标，依据单因素试验结果确定出响应面优化的试验条件范围为：液料比 15∶1～25∶1，复合酶添加量 1%～2%，pH 4～6，酶解温度 30～50 ℃。响应曲面分析得出，液料比与 pH 的交互作用对粗多糖提取率的影响显著，其余交互作用对粗多糖提取率的影响均不显著。响应面与验证试验确定的较优提取条件为：液料比 20∶1、复合酶添加量 1.45%、pH 为 5、酶解温度 39 ℃，此时小球藻粗多糖的提取率可达到 6.56%。

（2）对比两种不同的脱蛋白方法发现，在获得高提取率多糖 F 的基础上，Sevage 法可以达到高效脱除蛋白质的效果。经多次阴离子交换柱层析确定，以 DEAE Sepharose Fast Flow 为填料可获得不同组分的多糖 F_1、F_2、F_3，其中 F_2 为淡黄色，其余均为乳白色。另外，紫外扫描与 Sephadex G-200 柱层析进一步表明纯化多糖均为几乎不含蛋白质的均一性多糖。

（3）从小球藻多糖 F 中分离出的 3 种纯化多糖组分，即 F_1、F_2 与 F_3。其中 F_2 的提取率最高，占多糖 F 组分的 51.91%。与多糖 F 相比，纯化多糖的总糖含量均有显著提升，基本可达 70%以上，但糖醛酸含量均有所降低。3 种纯化多糖组分中，F_1 具有最高的总糖含量与最低的分子量（MW 为 27.15 ku），F_2 的糖醛酸含量最高且分子量适中（MW 为 1.058×10^3 ku），F_3 含有最高的硫酸根含量与分子量（MW 为 5.576×10^3 ku）。

不同组分的小球藻多糖在结构特性上具有显著的差异性。F_1 呈纤维细丝状，以 Gal、Glu、Man 为主要单糖。F_2 表现出交叉连接的立体网状结构，其中 Gal、Fuc、Rha 的占比较高。低放大倍数下，F_3 与 F 的微观结构相似，均以片状堆积为主，扩大放大倍数后 F 展示出柱状结构，而 F_3 的表面含有不规则的凸起与凹陷，且主要是由 Rha、Ara、Gal 组成。FT-IR 显示小球藻多糖均含有包括 O—H、C—H、C=O 等官能团在内的特征性吸收峰，其中纯化多糖均含有孤立甲基，F_1 与 F_3 中存在亚甲基，但仅 F_3 中含有 α-吡喃糖。另外，纯化多糖在水溶液中主要以无规则线团链构象的形式存在。通过系统分析证实了小球藻多糖是含有硫酸基团且以 Gal 为主的杂多糖。

通过对纯化多糖的热学性质分析发现，在 38.8～800 ℃的升温过程中，温度低于 180 ℃时，多糖除了水分蒸发外基本保持稳定。流变学特性分析结果表明，F_2 与 F_3 为假塑性流体，表现出黏度随剪切速率的增加而减小，F_1 的这种变化趋势相对较弱，为弱的假塑性流体。同时，纯化多糖在动态黏弹性变化中展示出固体的弹性行为，意味着小球藻多糖是一类非凝胶型多糖。纯化多糖中，F_1 表现出较为理想的清除 $ABTS^+ \cdot$ 与 $\cdot OH$ 能力，而 F_2 具有较高的 $DPPH \cdot$ 与 $O_2^- \cdot$ 清除活性。

第3章　小球藻多糖口服液的制备及性质

3.1　概　　述

小球藻中独有的活性成分 CGF,这种生物活性物质对人体的健康有显著的益处,可提高机体免疫力。小球藻中还含有生物素,参与人体内很多生物大分子的代谢过程,具有防止过早白发、脱发,缓解痛风、肌肉疼痛,减轻湿疹、皮炎过敏症等功效。

在自然界中叶绿素含量最高的物种之一就是小球藻,同时还含有维持人体健康需要额外补充的营养素——叶酸,它在人体内核酸和蛋白质的合成过程中起到非常重要的作用。当人们在摄入叶绿素困难时,小球藻便可作为补充叶绿素和叶酸出现在日常生活中。此外,小球藻还拥有所有必需、半必需及非必需氨基酸所组成的类似动物的,实则为植物型的极佳蛋白质,因此它的生物价值非常高。

小球藻可以有效排除人体内沉积的毒素,还可以吸收人体排出的二氧化碳,对于糖尿病有降低血糖的作用。小球藻还是天然的补血剂,能刺激骨髓造血,对机体的造血功能低下有保护作用,还有防治缺铁性贫血的功效,与此同时,小球藻还能将酸性体质改变成弱碱性体质,小球藻还能使生物体内免疫细胞中的 T 细胞活化,有效地复活免疫功能,延长癌症患者的生命。

小球藻被称为"天然保健药品",在许多营养减肥计划中也取得了广泛应用,当前市场上的小球藻干粉大多指破壁小球藻粉。此后一段时间内,小球藻干粉在市场上的需求缺口巨大。此外据报道称,日本公司从小球藻中提取出的 CGF,每克的售价高达 400 美元,经科学研究证实 CGF 具有直接提高人体巨噬细胞和 T 淋巴细胞活性的作用，因此可以作为抗肿瘤药物使用。

Ⅱ型 ZTC1+1 天然澄清剂由 A、B 两组分构成，B 组分起到主絮凝作用，而 A 组分则起到辅助絮凝的作用，因此在很大程度上加速了澄清过程，节约了时间成本；而且Ⅱ型 ZTC1+1 天然澄清剂对于多糖等有效成分不会产生明显的影响，对于胶体不稳定成分的清除率高达 90%以上，因此在口服液、冲剂、洗剂、注射液、胶囊的制备中可用于替代醇沉工艺的处理。

在应用时不必调节样品的 pH，只需根据样品的性质和试验要求选择合适的添加浓度和比例，以达到预期的澄清效果，得到的澄清液稳定性高。Ⅱ型 ZTC1+1 天然澄清剂作为从食物中自然提取出来的天然高分子成分，不仅高效、安全、卫生、无毒，而且有在样品中不引入异味的特点，在某些本身带有异味的待澄清液中还有一定程度上的矫味作用。在使用时只需要按试验要求进行顺序添加 A、B 两组分澄清剂即可，无须其他多余的设备，在澄清过程中不仅性能优于乙醇，澄清效果更好，对于试验成本可降低 50%以上。

本章通过单因素试验确定 β-环状糊精、活性炭、八甘桂脱腥剂中适宜的脱腥剂种类与添加量，确定 101 果汁澄清剂、壳聚糖、Ⅱ型 ZTC1＋1 天然澄清剂中适宜的澄清剂种类与添加量，并确定糖酸比及添加量。以多糖保留率、透光率和感官评价为指标，通过正交试验优化小球藻多糖口服液的制备条件，并考查口服液的基本理化性质与不同剂量的口服液对 DPPH·、ABTS$^+$·、·OH、O$_2^-$·清除能力，研究了小球藻多糖口服液的工艺及性质。

3.2　材料与方法

3.2.1　试验材料

试剂一览表见表 3.1。

表 3.1 试剂一览表

试剂名称	生产厂家
Ⅱ型 ZTC1+1 天然澄清剂	武汉正天成生物科技有限公司
小球藻粉	西安仁邦生物科技有限公司
葡萄糖	天津市北辰方正试剂厂
苯酚	山东优索化工科技有限公司
柠檬酸	潍坊英轩实业有限公司
浓硫酸	天津市福辰化学试剂厂
95%乙醇	无锡市亚太联合有限公司

3.2.2 仪器与设备

仪器设备表见表 3.2。

表 3.2 仪器设备表

仪器设备名称	产品型号	生产厂家
紫外可见分光光度计	752 型	上海精密科学仪器有限公司
电热鼓风干燥箱	DL-101-2S	天津市中环试验电炉有限公司
电子天平	AR423CN	黑龙江江世仪器有限公司
循环水式多用真空泵	SHB-Ⅲ	天津市泰斯特仪器有限公司
超声波细胞破碎仪	SK5200H	南京贝蒂试验有限公司
旋转蒸发器	RE52CS	河南洛阳生化仪器厂
恒温水浴锅	B-220	河北比特朗仪器有限公司
电热恒温水温箱	H.SWX-600BS	黑龙江朗博仪器制造有限公司
高速冷冻离心机	Neofuge 15R	山东新华医疗器械制造有限公司

3.2.3　小球藻多糖口服液制备工艺条件的优化

1. 口服液的制备工艺流程与工艺要点

小球藻粉溶液→加酶→酶解→灭酶→水浴→离心→脱腥→醇沉→复溶→浓缩→澄清→过滤→调配→灭菌→灌装→密封→成品。

（1）小球藻浸提液制备。

向 20 g 小球藻粉中按照 1∶20 的质量比添加蒸馏水于 500 mL 锥形瓶中混匀，超声 30 min 并调节 pH 为 5，添加 1.45%复合酶，39 ℃酶解 30 min 后灭酶，置于 70 ℃浸提 4 h，4 500 r/min 离心 15 min，过滤得小球藻浸提液。

（2）脱腥。

将脱腥剂加入小球藻浸提液中，采用适宜的处理方式，过滤获得小球藻脱腥液。

（3）小球藻多糖溶液制备。

向小球藻脱腥液中添加 95%乙醇（体积比 1∶3），4 ℃过夜，6 000 r/min 离心 20 min，取醇沉物加入两倍原体积蒸馏水复溶，75 ℃浓缩至原体积的 1/5，冷却至室温，即可获得小球藻多糖溶液。

（4）澄清。

将澄清剂加入小球藻多糖溶液中，采用适宜的处理方式，过滤获得小球藻多糖澄清液。

（5）口感调配。

澄清液中添加适量的蜂蜜、白砂糖和柠檬酸做调味处理，混匀。

（6）杀菌包装。

将调配好的多糖口服液置于 90 ℃灭菌锅中杀菌 20 min，灌装于棕色瓶，密封即得小球藻多糖口服液成品。

2. 口服液制备工艺研究

（1）脱腥剂种类及添加量的确定。

研究八甘桂、活性炭、β-环状糊精对小球藻浸提液的脱腥效果，即向 20 mL 小球藻浸提液中，分别添加 0 g、0.05 g、0.15 g、0.25 g、0.35 g、0.45 g、0.55 g 的 β-环状糊精，摇匀静置过夜；或者分别加入 0 g、0.025 g、0.075 g、0.125 g、0.175 g、0.225 g、0.275 g 的活性炭，摇匀静置过夜；又或者添加 0 mL、0.2 mL、0.4 mL、0.6 mL、0.8 mL、1.0 mL、1.2 mL 的八甘桂浸提液（取 10 g 八角、33 g 甘草、10 g 桂皮，加入 400 mL 蒸馏水，煮沸 30 min），45 ℃水浴 20 min，冷却至室温。感官评定小组成员按照腥味很浓（1 分）、较浓（2 分）、微浓（3 分）、略带腥味（4 分）、无腥味（5 分）5 个等级评价上述样品，并测定多糖质量浓度。

（2）澄清剂种类及添加量的确定。

研究 101 果汁澄清剂、壳聚糖、Ⅱ型 ZTC1+1 天然澄清剂对小球藻多糖溶液的澄清效果。即在 10 mL 小球藻多糖溶液中，分别添加 0 mL、0.2 mL、0.4 mL、0.6 mL、0.8 mL、1.0 mL、1.2 mL 的 101 果汁澄清剂（101 果汁澄清剂：蒸馏水为 1∶20，溶胀 24 h 以上后备用），室温静置 24 h，过滤；或分别添加 0 mg、1 mg、2 mg、3 mg、4 mg、5 mg、6 mg、7 mg、8 mg 的壳聚糖，室温静置 24 h，过滤；又或者先加入Ⅱ型 ZTC1+1 天然澄清剂 B 组分 0%、1%、2%、3%、4%、5%、6%（1%的柠檬酸溶液将 B 组分配成 1%溶液）于 60 ℃加热 20 min，搅拌均匀后加入 A 组分 0%、0.5%、1%、1.5%、2%、2.5%、3%（1 g A 组分加入 99 mL 蒸馏水）于 60 ℃继续加热 20 min，冷却过滤。并测定滤液的透光率及多糖质量浓度。

（3）糖酸比的确定。

为了制备适宜大众口味的小球藻多糖口服液，需对小球藻多糖澄清液进行口感调配。本节选用蜂蜜、白砂糖及柠檬酸作为辅料。控制 β-环状糊精添加量为 22.5 mg/mL，Ⅱ型 ZTC1+1 天然澄清剂添加量 2.5%A、5%B。研究 15 mL 小球藻多糖澄清液中，不同糖酸比 m（蜂蜜）∶m（白砂糖）∶m（柠檬酸）=200∶20∶1、100∶10∶1、200∶20∶3、50∶5∶1、200∶20∶5、100∶10∶3）对口服液口感的影响。按照表 3.7 中口感标准进行感官评定后确定糖酸比。

（4）糖酸添加量的确定。

为研究糖酸添加量对口服液口感的影响，需控制 β-环状糊精添加量为

22.5 mg/mL，Ⅱ型 ZTC1+1 天然澄清剂添加量 2.5%A、5%B。在 15 mL 小球藻多糖澄清液中先添加不同量的白砂糖（25 mg、50 mg、75 mg、100 mg、125 mg、150 mg），再按照糖酸比为 m（蜂蜜）：m（白砂糖）：m（柠檬酸）=50：5：1 加入其他辅料，混匀、灭菌。按照表 3.7 中口感标准进行感官评定。（注：作图时以白砂糖的添加量代表辅料添加量）。

3.2.4　试验前的准备

1. 澄清剂的处理

A 组分：为淡黄色或白色粉末，用蒸馏水配制出 1%澄清剂溶液。

配制方法：先称取 1 g，用少许蒸馏水搅成黏稠状，再加入剩余的蒸馏水配制 1%的澄清剂溶液（1 g 澄清剂 A 组分加 99 g 蒸馏水溶解）并溶胀 24 h 备用。

B 组分：为淡黄色或浅黄色粉末，用 1%醋酸溶液或柠檬酸溶液配制出 1%澄清剂溶液。

配制方法：先配制 1%的醋酸溶液或柠檬酸溶液，再用 99 g 的 1%醋溶液或柠檬酸溶液溶解 1 g B 组分并搅成糊状，溶胀 24 h 备用。

2. 小球藻多糖口服液的制备

（1）酶解。

用电子天平称取 20 g 的小球藻粉于锥形瓶中，加入 500 g 蒸馏水，搅拌均匀后放置超声波细胞破碎仪超声 15 min 以便于细胞破碎使其中的多糖成分充分溶解出来，加入胰蛋白酶于 40 ℃水浴中酶解 2 h，使小球藻内部的多糖成分充分溶解于溶液中，再转置 70 ℃水中恒温水浴 4 h，得到小球藻原液。置于室温冷却后倒至离心管，用冷冻离心机将藻液与藻泥分离开，在 6 000 r/min 的转速下离心 25 min 后获得的藻液即为有用成分，离心出来的沉淀可以丢弃，得到小球藻酶解液。

（2）脱腥。

由于小球藻为绿藻的一种，颜色呈墨绿，有很浓郁的藻腥味，为了让人们更容易接受它的气味与口感，所以用 β-环糊精进行脱腥处理得到小球藻脱腥液。

（3）粗多糖的提取。

将上述制得的小球藻液脱腥液倒入锥形瓶中，每个锥形瓶中加入 150 mL，然后向每个锥形瓶中倒入 3 倍体积于待澄清液的 95%乙醇，即各倒入 450 mL 的乙醇，放置于 4 ℃冰箱内过夜，经冷冻离心机离心过滤，离心条件为 4 ℃、6 000 r/min、20 min，倾出上清液，得到沉淀。将得到的沉淀置于旋蒸瓶中，并添加两倍体积于原小球藻待澄清液的蒸馏水，在 60 ℃的恒温水浴锅内进行减压恒温旋蒸，旋蒸至原来体积即可，此时得到小球藻待澄清液。

3.2.5　小球藻多糖的测定

1. 对照品溶液的制备

用电子天平量取分析级葡萄糖 1 g 置于 100 mL 容量瓶中，加少许蒸馏水溶解，定容，摇匀后取 1 mL 到另一个 100 mL 容量瓶中，加蒸馏水定容摇匀后得到多糖对照品溶液。

2. 葡萄糖标准曲线的绘制

多糖的测定采用硫酸-苯酚法，参考 Dubios 法。

用移液枪量取对照品溶液 0 μL、200 μL、400 μL、600 μL、800 μL、1 000 μL 于试管中，依次加入蒸馏水至 1.0 mL，重复 3 个样品。每支试管中分别添加 6%苯酚 1 mL，振荡均匀，再分别添加浓硫酸 5 mL，振荡均匀，在室温下静置 30 min，依次倒入比色皿中,用紫外可见分光光度计在波长 490 nm 处测定吸光度值 A 并记录数据。以葡萄糖质量浓度为横坐标，吸光度值 A 为纵坐标绘制葡萄糖标准曲线。结果测得葡萄糖的标准曲线为

$$y=8.981\ 7x+0.016\ 4,\ R^2=0.998\ 3$$

3. 样品含量的测定

称取样品的 20 倍稀释液 1 mL 置于试管中,自 3.2.5.2 葡萄糖标准曲线的绘制下的"加入蒸馏水至 1.0 mL"处，按照上述方式进行处理，测定待测样品的吸光度值

A，并按照回归方程计算出各样品中多糖的质量浓度。

4. 小球藻透光率的测定

打开紫外可见分光光度计预热 30 min 后，将蒸馏水倒入比色皿中作为参比进行调零，待测样品依次倒入比色皿中，用紫外可见分光光度计在波长 670 nm 处测定样品透光率并记录数据。

3.2.6　小球藻多糖口服液澄清剂选择工艺的单因素试验设计

1. 反应温度对澄清效果的影响

采用平行试验法考查反应温度对澄清效果的影响。精密量取 5 份小球藻待澄清液，分别置于试管内，每只试管中加入 20 mL 样品，选择温度分别为 50 ℃、60 ℃、70 ℃、80 ℃、90 ℃，加入 4%B 组分澄清剂，在试验所需的反应温度下保温反应 20 min，再加入 2%A 组分澄清剂同样保温反应 20 min，过滤后分别测定样品的多糖质量浓度和透光率。

2. 添加量对澄清效果的影响

采用平行试验法考查澄清剂 A、B 组分的添加量对澄清效果的影响。精密量取 6 份小球藻待澄清液，分别置于试管内，每只试管中加入 20 mL 样品，选择 A、B 比例为 1∶2，A 组分添加量分别为 1.5%、2%、2.5%、3%、3.5%、4%。按照试验要求先添加一定量的 B 组分，80 ℃下保温反应 20 min，再添加一定量的 A 组分，保温反应 20 min，过滤后分别测定样品的多糖质量浓度和透光率。

3. A、B 组分的添加比例对澄清效果的影响

采用平行试验法考查澄清剂两组分的添加比例对澄清效果的影响。精密量取 5 份小球藻待澄清液，分别置于试管内，每只试管中加入 20 mL 样品，选择澄清剂的添加比例（B∶A）分别为 0.5∶1、1∶1、1.5∶1、2∶1、2.5∶1。确定 A 组分的添加量为 3%，按试验要求的添加比例下加入 B 组分，在 80 ℃的条件下反应 20 min，再加入 3%的 A 组分同样反应 20 min，过滤后分别测定样品的多糖质量浓度和透光率。

4. 反应时间对澄清效果的影响

采用平行试验法考查反应时间对澄清效果的影响。精密量取 5 份小球藻待澄清液，分别置于试管内，每只试管中加入 20 mL 样品，确定添加 B 组分澄清剂后的反应时间为 20 min，选择添加 A 组分澄清剂后的反应时间分别为 5 min、10 min、15 min、20 min、25 min 在添加 4%B 组分澄清剂后，在 80 ℃下按试验要求的反应时间进行反应，然后再添加 2%A 组分澄清剂反应 20 min，过滤后分别样品的测得多糖质量浓度和透光率。

3.2.7 小球藻多糖口服液澄清剂适宜反应条件的研究

经过单因素试验和数据分析，选取反应温度（A）、添加量（B）、添加比例（C）和反应时间（D）作为试验的考查因素，以多糖质量浓度和透光率作为最终的评价标准，每个因素各取 3 个较优水平，按照 $L_9(3^4)$ 进行正交试验（因素与水平见表 3.3），并进行方差分析，挑选出对小球藻多糖口服液澄清效果影响比较显著的因素，挑选出适宜的澄清条件。

表 3.3　因素与水平

水平	A（反应温度）/℃	B（添加量）/%	C（添加比例）	D（反应时间）/min
1	60	2.5	1∶1	15
2	70	3	1∶1.5	20
3	80	3.5	1∶2	25

1. 试验测定方法

试验测定方法见表 3.4。

表 3.4　试验测定方法

项目	测定方法
多糖质量浓度	苯酚-硫酸法、比色法
澄清度	紫外分光光度计

2. 正交试验优化

依据单因素试验结果,选择 β-环状糊精、Ⅱ型 ZTC1+1 天然澄清剂、糖酸比、糖酸添加量 4 个因素,以多糖保留率、透光率和感官评分作为评价指标,按照表 3.5 进行综合评分,设计 $L_9(3^4)$ 正交试验表,优化工艺条件。正交试验因素与水平见表 3.6。

表 3.5　综合评分标准

评价指标	评价方法	权重系数	计算方法
感官(A)	感官评分值	0.2	$A \times 0.2$
透光率(B)	透光率数值	0.3	$B \times 0.3$
多糖(C)	多糖含量计算值	0.5	$C \times 0.5$

表 3.6　正交试验因素与水平

因素水平	β-环状糊精添加量/（mg·mL^{-1}）	Ⅱ型 ZTC1+1 天然澄清剂添加量/%	糖酸比	白砂糖添加量/（mg·mL^{-1}）
1	17.5	2A、4B	200∶20∶3	75
2	22.5	2.5A、5B	50∶5∶1	100
3	27.5	3A、6B	200∶20∶5	125

3. 口服液评价指标的测定方法

多糖含量测定:采用苯酚硫酸法测定多糖含量。

透光率测定:将足量样品于比色皿中,以蒸馏水为空白对照,通过分光光度计测定样液在 670 nm(小球藻多糖的特征吸收峰)处的透光率。

感官评定:为准确评价出各因素对口服液品质的影响,由 10 人组成感官评定小组。按照表 3.7 对小球藻多糖口服液的口感、气味、色泽、澄明度进行感官评分。

表 3.7　感官评分标准

指标	标准	分值/分
口感	酸甜可口，口感柔和	21～25
	酸甜适中	16～20
	稍偏酸或稍偏甜	11～15
	比较酸或比较甜	6～10
	过酸或过甜	1～5
气味	小球藻和蜂蜜味浓郁	21～25
	略带小球藻和蜂蜜味	16～20
	略带腥味	11～15
	腥味重	6～10
	有杂味，刺鼻	1～5
色泽	淡黄色，透亮	21～25
	色泽暗淡，不透亮	16～20
	无色，色泽均匀	11～15
	无色，色泽不均匀	6～10
	杂色，色泽极不均匀	1～5
澄明度	无沉淀，透明，澄清	21～25
	无沉淀，透明，略浑浊	16～20
	无沉淀，浑浊，无分层	11～15
	略有沉淀，浑浊，分层	6～10
	沉淀较多，含杂质，分层	1～5

3.2.8　小球藻多糖口服液的性质及抗氧化活性测定

1. 口服液基本性质的测定

pH：分别选取等量不同批次（3 批）的小球藻多糖口服液样品，用 pH 计重复测定 3 次，计算平均值。

相对密度：随机选取不同批次（3 批）的小球藻多糖口服液 5 mL，计称重为 m_1，同时称取 5 mL 蒸馏水的质量为 m_2 与空瓶质量 m_3，按照 $\rho_{相对} = (m_1 - m_3) / (m_2 - m_3)$ 计算口服液相对于水的密度。

菌落总数：参照《食品安全国家标准　食品微生物学检验菌落总数测定》（GB 4789.2—2010）测定小球藻多糖口服液中的菌落总数。

大肠菌群：参照《食品安全国家标准　食品微生物学检验菌落总数测定》（GB 4789.3—2010）测定小球藻多糖口服液中的大肠菌群。

霉菌：参照《食品安全国家标准　食品微生物学检验霉菌和酵母计数》（GB 4789.15—2010）测定小球藻多糖口服液中的霉菌。

2. 口服液抗氧化活性的测定

依据正交试验结果可知 9 号（表 3.8）口服液品质最佳，6 号次之，因此测定不同剂量（0.2 mL、0.4 mL、0.6 mL、0.8 mL、1.0 mL）的 9、6 号口服液对 DPPH·、$ABTS^+$·、·OH、O_2^-·的清除能力，并以不同剂量的 1 mg/mL 维生素 C 为阳性对照。

3.2.9　试验数据的统计与分析

通过 SPSS 17.0 对试验数据进行系统分析，并依据 Design-Expert 8.05 软件中的 Box-Behnken 操作试验、分析数据。同时，采用 Origin 8.6 的绘图功能绘制不同种类的图。

3.3　结果与分析

3.3.1　小球藻多糖口服液的制备工艺优化

1. 工艺参数的确定

（1）不同脱腥剂对浸提液的影响。

如图 3.1 所示，分别显示出不同添加量的 β-环状糊精、活性炭、八甘桂对小球藻浸提液的影响。由图 3.1（a）可见，添加 β-环状糊精可导致多糖质量浓度提升，但当添加量为 7.5 mg/mL 时多糖质量浓度基本稳定，这可能是由于 β-环状糊精是淀粉经酸解环化生成的产物，达到饱和时可使得多糖的质量浓度不再增加。同时，感官分值也随着 β-环状糊精的增加而递增，添加量为 22.5 mg/mL 时感官评分值达到最大，表明此添加量可使得 β-环状糊精充分包络溶液中的部分腥味化合物。

由图 3.1（b）可见，当采用活性炭时，多糖含量基本稳定不变，证明活性炭的添加不会导致多糖质量浓度的大幅度损失。当添加量低于 8.75 g/L 时，感官分值明显增加，高于 8.75 g/L 时变化趋势比较平缓，分值逐渐降低，且分值最高达到 3.6分，表明活性炭的加入不足以有效吸附溶液中的腥味物质。

由图 3.1（c）可见，八甘桂溶液的加入可导致多糖质量浓度与感官分值的显著提升。原因可能是八甘桂溶液含有一定的多糖成分，经过预处理后溶液气味比较浓厚可掩盖一些腥味物质从而达到脱腥的效果。但可能较浓的中药味使得整体感官分值最高仅 3.3 分，表明此脱腥方法处理会影响小球藻产品的整体品质。

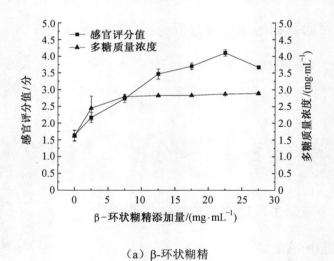

（a）β-环状糊精

图 3.1　不同脱腥剂对浸提液品质的影响

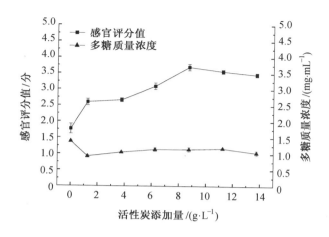

（b）活性炭

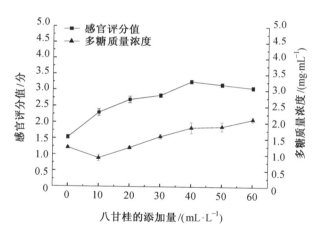

（c）八甘桂

续图 3.1

综合分析不同脱腥剂的感官分值和多糖的质量浓度，确定添加 22.5 mg/mL β-环状糊精可起到良好的脱腥作用，且有助于小球藻类产品的制备。

（2）不同澄清剂对多糖溶液的影响。

以透光率和多糖质量浓度为指标，分别研究 101 果汁澄清剂、壳聚糖、Ⅱ 型 ZTC1+1 天然澄清剂对小球藻多糖溶液的澄清效果，所得结果如图 3.2 所示。

从图 3.2（a）可以看出，当 101 果汁澄清剂添加量增加时，多糖质量浓度先上升后降低再上升，波动范围不大。综合考虑发现，101 果汁澄清剂的澄清效果不佳，主要表现在其透光率基本维持在 35%左右，无法达到理想的澄清状态。

从图 3.2（b）可以看出，随着壳聚糖添加量的增加，小球藻多糖溶液的透光率缓慢上升后略微下降，最高可达 40%以上，澄清效果比 101 果汁澄清剂略好。多糖质量浓度也略微有所波动，呈现先降低后上升的趋势。造成此结果的原因可能在于壳聚糖在适宜的条件下可有效沉降溶液中的大分子杂质，但添加量过大时，多余的壳聚糖可能会溶解造成多糖溶液浑浊。

利用Ⅱ型 ZTC1+1 天然澄清剂可有效选择性地清除溶液中的蛋白质类物质和不稳定性成分而且不会造成多糖含量降低的特性，对小球藻多糖溶液进行澄清工艺研究。图 3.2（c）结果表明，当采用Ⅱ型 ZTC1+1 天然澄清剂时，透光率呈现明显的递增趋势，当添加量为 2.5%A、5%B 时，透光率可达 97%以上，与前两种方法相比澄清效果更佳。多糖质量浓度基本稳定不变，表明此方法确实不会造成小球藻多糖含量的损失，而且对鞣质、蛋白质等不稳定成分有较强的絮凝作用。

综上所述，从透光率、多糖含量以及经济的角度分析可知，Ⅱ型 ZTC1+1 天然澄清剂的添加量在 2.5%A、5%B 较为适宜。

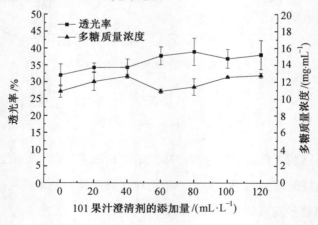

（a）101 果汁澄清剂

图 3.2　不同澄清剂对小球藻多糖溶液品质的影响

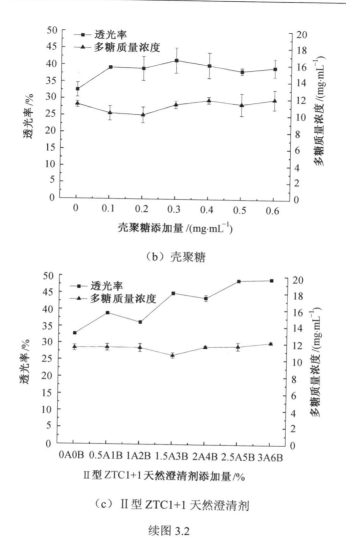

（b）壳聚糖

（c）Ⅱ型 ZTC1+1 天然澄清剂

续图 3.2

（3）糖酸比对口感的影响。

从图 3.3 中可以看出，当向 15 mL 的小球藻多糖澄清液中添加 1 g 蜂蜜、100 mg 蔗糖时，随着柠檬酸添加量的上升，产品的口感评分值先上升后下降，这可能是由于当柠檬酸添加量过低时，口服液比较过甜，添加量过高时过酸，这两种情况都不易被接受。当柠檬酸添加量为 20 mg 时，口感评分值最高，可达到 4.6 分。由此可见糖酸比为 50∶5∶1 时，小球藻多糖口服液的口感较佳。

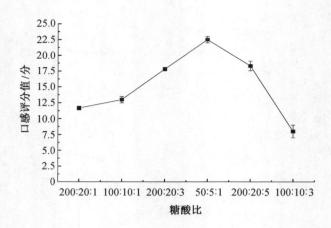

图 3.3　糖酸比对小球藻多糖澄清液口感的影响

（4）糖酸添加量对口感的影响。

从图 3.4 中可以看出，采用蜂蜜∶蔗糖∶柠檬酸质量比为 50∶5∶1，添加不同量的辅料时，口服液的口感评分值逐渐递增；1 g 蜂蜜、100 mg 白砂糖和 20 mg 柠檬酸时最高，继续增加分值降低。辅料的添加量过低，口服液无味，色泽不佳，口感不柔和；过多时，酸甜味过重掩盖了小球藻风味且会出现少量沉淀，影响小球藻多糖口服液的整体口感。因此，确定蜂蜜、蔗糖、柠檬酸的添加量分别为 1 g、100 mg、20 mg 左右。

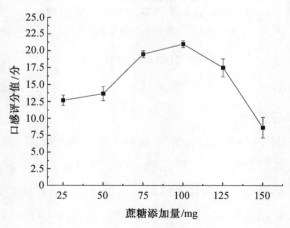

图 3.4　糖酸添加量对小球藻多糖澄清液口感的影响

2. 正交试验及方差分析

结合单因素试验结果，选择脱腥剂（β-环状糊精）添加量、澄清剂（Ⅱ型 ZTC1+1 天然澄清剂）添加量、糖酸比和糖酸添加量为影响因子，以多糖质量浓度、透光率和感官评分值为分评价指标，综合评分作为总评价指标（综合评分计算公式为：总分值=0.2×感官评分值+0.3×透光率值+ 0.5×多糖质量浓度值），优化小球藻多糖口服液的制备工艺，正交试验结果及方差分析见表 3.8 与表 3.9。

表 3.8　正交试验结果

试验号	β-环状糊精 A	Ⅱ型 ZTC1+1 澄清剂添加量 B	糖酸比 C	白砂糖添加量 D	感官评分/分	透光率/%	多糖保留率/%	总分值/分
1	1	1	1	1	66.4	80.367	89.031	81.905
2	1	2	2	2	66.8	82.533	90.354	83.297
3	1	3	3	3	68.8	89.333	90.818	85.969
4	2	1	2	3	68.0	82.933	91.086	84.023
5	2	2	3	1	71.6	88.000	92.076	86.758
6	2	3	1	2	77.2	90.007	91.461	88.173
7	3	1	3	2	67.2	81.8	93.218	84.589
8	3	2	1	3	80.0	85.067	90.842	86.941
9	3	3	2	1	86.8	90.167	92.587	90.704
K_1	83.723	83.506	85.673	86.456				
K_2	86.318	85.665	86.008	85.353				
K_3	87.411	88.282	85.772	85.644				
极差	3.687	4.776	0.335	1.103				

表 3.9 方差分析结果

来源	平方和	自由度	均方	F	P	显著性
矫正模型	122.031	8	15.254	29.809	<0.01	**
A	48.337	2	24.168	47.230	<0.01	**
B	63.504	2	31.752	62.050	<0.01	**
C	4.003	2	2.002	3.911	0.039	*
D	6.187	2	3.093	6.045	0.010	*
误差	9.211	18	0.512			
校正的总计	131.242	26				

从表 3.9 可以看出，各因素对小球藻多糖口服液品质的影响程度依次为 $B>A>D>C$，即Ⅱ型 ZTC1+1 天然澄清剂添加量对小球藻多糖口服液的品质影响最大。方差分析表明β-环状糊精添加量、Ⅱ型 ZTC1+1 天然澄清剂添加量对小球藻多糖口服液的品质有极显著影响，糖酸比及糖酸添加量对其影响显著。综合考虑上述结果确定较佳的工艺方案为 $A_3B_3C_2D_1$，即小球藻多糖浸提液脱腥时添加 27.5 mg/mL 液脱环状糊精，醇沉、复溶、浓缩后添加 3%A、6%B 的Ⅱ型 ZTC1+1 天然澄清剂达到除杂澄清的效果，再向每 15 mL 澄清液中添加 750 mg 蜂蜜、75 mg 蔗糖、15 mg 的柠檬酸，从而制备出澄清、口感细腻、带有小球藻独特风味的口服液。此工艺为正交试验表 3.8 中的 9 号试验条件，且试验进行了 3 次重复，因此不需要再进行试验验证。

3.3.2 口服液的基本性质分析

由表 3.10 可知，小球藻多糖口服液均为酸性，且 pH 保持在 4.0～5.0 之间。不同批次的小球藻多糖口服液的相对密度均基本维持在 1.00～1.20 范围内。菌落总数、大肠菌群及霉菌含量均在国家标准要求范围内。

表 3.10 小球藻多糖口服液的一般性质

指标	1	2	3
pH	4.60	4.62	4.71
相对密度	1.097	1.112	1.119
菌落总数	cpu/mL		≤2
大肠菌群	MPN/100		≤2
霉菌	个/mL		<10

3.3.3 口服液的抗氧化活性分析

由图 3.5（a）可知，小球藻多糖口服液具有较强的清除 DPPH·能力。随着口服液剂量的增加，9 号与 6 号清除 DPPH·能力均有所增加，前者剂量小于 0.6 mL 时，增长幅度较大，随后增长趋势逐渐平缓；而后者的清除率持续平稳增长，但始终是 9 号略强于 6 号。当剂量为 1 mL 时，9 号的清除率可高达 92.02%，与 VC 相比，清除率仅略低 6.17%。陈艺煊研究发现，蛋白核小球藻多糖对 DPPH·清除率为 71.97%。此差异的原因可能在于口服液制备过程中多糖提取工艺的差异或者辅料与多糖的协同作用增加了口服液对 DPPH·的清除能力。

测定清除 $ABTS^+$· 的方法主要是利用过硫酸钾可使 ABTS 氧化生成蓝绿色的 $ABTS^+$·，有供氢能力的抗氧化剂存在时会使得溶液逐渐变为无色。由图 3.5（b）可知，虽然小球藻多糖口服液对 $ABTS^+$·清除能力比 VC 弱，但清除率仍以 10%左右的增长率不断增加。9 号与 6 号口服液的清除率始终接近相等，当剂量为 1 mL 时，清除率分别为 68.88%、70.26%，表明小球藻多糖口服液对 $ABTS^+$·清除率可达到 VC 清除率的近 3/4。

由图 3.5（c）可知，小球藻多糖口服液对·OH 表现出较好的清除效果。9 号与 6 号对·OH 清除能力随剂量的增加而增加，且低于 0.6 mL 时清除率增长迅速，高于 0.6 mL 时增长速度放缓，两者的清除率可分别达到 93.876%和 90.668%，均比阳性对照组高。刘凤路等人将螺旋藻多糖及小球藻多糖按照质量比为 3∶1 复合后研究发现其对·OH 清除率最大为 83.25%。与之相比，小球藻多糖口服液对羟基自由基的清除能力增强。

由图 3.5（d）可知，当剂量不同时小球藻多糖口服液对 O_2^-·清除能力不同。整体上两种不同工艺条件获得的口服液对 O_2^-·清除能力均随剂量的增加而增加，但增加趋势十分平稳。且 6 号的清除率总保持略强于 9 号，但两者均低于 VC，当剂量均达到 1 mL 时，口服液的清除率几乎可以达到 VC 清除率的一半。陈义勇认为，糖环上的游离羟基、酚类与交联蛋白相互作用可能会使得多糖具有抗氧化性质，但其机理比较复杂，仍需进一步研究。

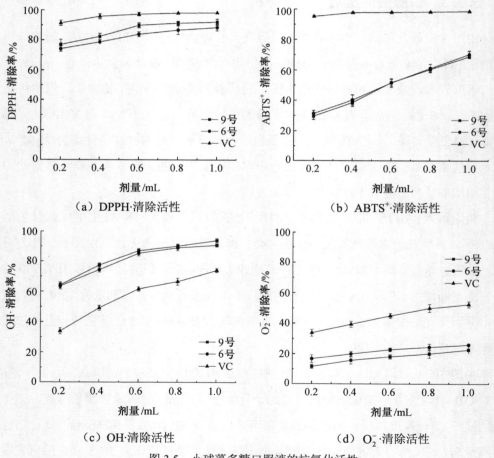

（a）DPPH·清除活性

（b）ABTS⁺·清除活性

（c）OH·清除活性

（d）O_2^-·清除活性

图 3.5　小球藻多糖口服液的抗氧化活性

3.4　本章小结

本试验先采用单因素试验方法，分别考查了Ⅱ型 ZTC1+1 天然澄清剂的反应温度、添加量、添加比例以及反应时间对小球藻多糖口服液澄清效果的影响，通过对比小球藻多糖口服液的多糖质量浓度和透光率筛选出上述 4 个因素对澄清效果影响显著的 3 个水平进行正交试验，考虑到高温对多糖成分有一定的损耗，并且出于对成本和实际情况的考量，最终得到Ⅱ型 ZTC1+1 天然澄清剂对小球藻溶液进行澄清处理的适宜工艺条件为：反应温度 60 ℃，添加量 A 组分 2.5%、B 组分 5%（添加比例（A∶B）1∶2），反应时间 25 min，此时的澄清效果较好。

第 4 章　小球藻多肽口服液的制备

4.1　概　　述

我国海岸线总长度大约为 3.2 万 km，海洋面积十分辽阔，其中蕴含的海洋资源异常丰富。小球藻为我国重要的藻类资源，广泛分布于我国各片海域。但我国藻类生产加工技术相比于鱼类、贝类等产业发展落后，使得我国丰富的藻类资源得不到充分利用，每年均有大量的藻类粗加工产品因得不到进一步的深加工而浪费。美国《天然产物与营养学杂志》相关报道，日、美两国研究学者经多年共同研究发现，小球藻这一在地球上屹立了几十亿年之久的单细胞微藻类水生生物，堪称是迄今人类史上所发现的最为理想的绿色排毒食品。在美国和欧洲多家医院所做的临床试验证实，志愿者每天服用一定量的破壁小球藻胶囊，连续服用 3 个月时间，可有效清除体内残留的重金属、农药、杀虫剂等有机化学残留毒物。在 20 世纪 60 年代初，国内许多地方已有大规模培养小球藻并获得成功的经验。随着国际市场包括小球藻类在内的"微藻类保健食品热"的兴起，自 20 世纪 90 年代以来，我国不少地方陆续开发螺旋藻、蓝绿藻、杜氏盐藻及小球藻等微藻养殖作为提升地方经济的重点项目之一。

由于我国的温带气候非常适合微藻类的培养，所以在过去十几年来，微藻养殖业获得了飞速发展。据相关报道，近些年来，我国螺旋藻干粉年产量始终保持在每年 3 000 t 以上，杜氏盐藻年产量亦有数千吨之多（该产品主要用于提取天然β胡萝卜素）。在 2000 年以后，随着国际市场小球相关藻制品的逐渐趋热，开发小球藻养殖被国内一些地方政府再次提到议事日程上。日本在冬春两季较为寒冷（与我国华东地区相仿），因而不能一年四季都养殖小球藻；同时，日本的人力成本相对于我国高出很多。而我国台湾地区的气候很适合小球藻生长，加上我国台湾地区有非常丰富的淡水资源，可以终年繁育小球藻。自 20 世纪 80 年代以来，我国台湾地区已发展为日本最大的海外小球藻生产基地。近年来，我国台湾地区每年生产 2 000 多吨小球藻干粉，除部分产品作为养殖虹鳟鱼等高级渔产品的饲料外，每年可向日本出口 1 000 多吨小球藻干粉，从而为台湾地区赚得十几亿的新台币。小球藻生产已真正成为台湾地区一大出口型产业。目前，国内藻类保健食品的产品形式主要以藻片、藻粉、胶囊等为主，它存在难于吞咽、腥味较重、消化率较低等缺陷，消费者不能把它当作一种优质的保健品对待。

所以，虽然小球藻营养价值高，但由于开发不完备，产品附加值低，市场效应仍然不好。本书通过现代技术手段，将其加工制造成小球藻多肽口服液，这样不仅保证了其中的营养成分含量，又极大地改善了吸收不良的缺点。

4.2　材料与方法

4.2.1　试验材料

小球藻：绿色、破除过细胞壁的藻粉，购于陕西藤迈生物科技有限责任公司。

木瓜蛋白酶（酶活力≥60 万单位/g）：食品级，购于北京索莱宝科技有限公司。

酪蛋白酶：食品级，购于北京索莱宝科技有限公司。

硫酸铜（$CuSO_4 \cdot 5H_2O$）、氢氧化钠（NaOH）、蔗糖、葡萄糖、柠檬酸、活性炭、三氯乙酸（TCA）、β-环状糊精等，均购自保定市万科试验仪器贸易有限公司。

4.2.2　试验仪器

紫外可见分光光度计：上海菁华科技仪器有限公司。

Anke GL-20B 离心机：蚌埠精工制药机械有限公司。

电子分析天平：北京赛多利斯仪器系统有限公司。

电子恒温水浴锅：北京中兴伟业仪器有限公司。

PAL-α手持折光仪：日本爱拓ATAGO。

DL-1万用电炉：北京中兴伟业仪器有限公司。

4.2.3　试验方法

1. 试验工艺流程

小球藻复水→木瓜蛋白酶提取多肽→灭酶→离心分离提取多肽→多肽含量的测定→脱腥→调配→可溶性固形物含量的测定→感官评定。

2. 小球藻复水

在分析天平称取3份10 g小球藻粉，分别以1∶20、1∶30、1∶40的粉水比溶解（事先将蒸馏水加热至70 ℃），搅拌均匀。

3. 木瓜蛋白酶提取多肽

事先测定小球藻溶液的 pH 处于中性范围内（6.0～7.0）。采用 6 万单位木瓜蛋白酶/g，60 ℃中温酶解提取技术，处理藻液 2.5～3.0 h（在烧杯口覆盖好保鲜膜，防止水分过度流失）。在提取小球藻多肽的同时，还可以获得具有提高免疫力、抗肿瘤等多种保健功能的其他成分；另外，还能防止小球藻生长因子 CGF 等成分的热分解。

4. 灭酶

将小球藻提取液于水浴锅中取出后，直接置于电炉上加热至沸腾，保持 5 min（保鲜膜留下一个小的出气孔），自然冷却至室温。

5. 离心分离提取多肽

待小球藻多肽提取液冷却至室温后，分装在离心管中，于离心机中离心分离。设置参数为：转速 4 000 r/min，离心时间 7 min。离心完毕后，将上清液倒入烧杯中备用；下部沉淀弃去不用。

6. 多肽含量测定

（1）酪蛋白溶液标准曲线的绘制。

双缩脲试剂的配制：配制好NaOH溶液（0.1 g/mL）及CuSO$_4$溶液（0.01 g/mL）待用，用保鲜膜封好，防止被污染。

梯度稀释：于分析天平上准确称取1.2 g酪蛋白，溶解于100 mL蒸馏水中；用相应的移液枪分别吸取2 mL酪蛋白原液于小烧杯中；再向其中分别加入0.4 mL、1 mL、2 mL、4 mL、10 mL蒸馏水，得到10 mg/mL、8 mg/mL、6 mg/mL、4 mg/mL、2 mg/mL的酪蛋白溶液。各取上述溶液1 mL于新的小烧杯中，分别加入双缩脲试剂（按顺序加入2 mL NaOH、1 mL CuSO$_4$）混匀，静置30 min备用。30 min之后，在波长540 nm、以蒸馏水为参比液的条件下，测5个样品的吸光度，记录下数值，并根据得到的数值，绘制出多肽含量的标准曲线。

（2）小球藻液中多肽含量的测定。

取 10 mL 小球藻多肽提取液，加入 10 mL 三氯乙酸（为了使多肽、蛋白质沉淀），混匀，置于离心机中离心分离，设置参数为：转速 11 000 r/min，离心时间 10 min。离心完成后，取上清液，置于漏斗中过滤，取所得滤液与双缩脲试剂混匀，静置30 min。在波长 540 nm、参比液为蒸馏水的条件下，测量该溶液的吸光度。再由上步得到的标准曲线，可以反推出溶液质量浓度，乘以相应的稀释倍数，即得藻液中的多肽质量浓度。

7. 脱腥

分别用葡萄糖、活性炭、β-环状糊精3种药品对小球藻提取液进行脱腥试验，选择脱腥效果最佳的试验方法。

（1）已有的研究表示，适宜质量浓度的葡萄糖添加，能在一定程度上降低藻类等海产品的腥味程度；而且，添加了葡萄糖后，还可以提高提取液的甜度，减少后续调配中甜味剂的添加量。

（2）活性炭是一种非常细小的炭粒，并且有很大的表面积。活性炭脱腥法是利用多孔性的活性炭，使溶液中的腥味物质或其他杂质、悬浮物等被吸附在活性炭表面而去除的方法，去除对象包括溶解性的有机物质、合成洗涤剂、微生物、病毒和一定数量的重金属，并能够脱色、除臭和空气净化。活性炭经过活化后，碳晶格形成形状和大小不一的极度发达的细孔大大增加了比表面积，提高了吸附能力。

（3）环状糊精，又称环麦芽七糖、环七糊精，简称β-CD，是由淀粉经微生物酶作用后提取制成的由7个葡萄糖残基以β-1，4-糖苷键结合构成的环状物，分子量1 135。它可以包络各种化合物分子，增加被包络物对光热、氧的稳定性，改变被包络物质的理化性质。本品可与多种化合物形成包埋复合物，使其稳定、增溶、缓释、乳化、抗氧化、抗分解、保温、防潮，并具有掩蔽异味等作用，为新型分子包裹材料。所以，β-环状糊精可以将小球藻提取液中的腥味物质包埋起来，而又最大限度地减少对产品色泽、营养物质的影响。有研究曾利用β-环状糊精对蓝、绿藻口服液进行脱腥试验，取得比较良好的效果。

8. 调配

对脱腥后的小球藻提取液进行调配，加入柠檬酸与蔗糖等作为调味剂，不断调节各种添加剂的入量的比例，以改善风味，提高口感，获得较高的商品价值。正交试验因素与水平见表4.1。

表 4.1　正交试验因素与水平

水平	因素		
	糖酸比	蔗糖添加量/%	β-环状糊精添加量/%
1	1∶100	4	1.5
2	1∶125	5	2.0
3	1∶150	6	2.5

9. 可溶性固形物含量

测藻液中可溶性固形物的含量采用的是折光法。调配后的样品利用手持折光仪，即可测定其可溶性固形物的含量。

10. 感官评定

将调配中，不同糖酸比例及加入不同剂量脱腥剂的小球藻溶液按顺序编号，以1～10分为评分范围，请几组人员针对腥味、酸甜度以及色泽等指标进行评比打分。感官评分细则见表4.2。

表 4.2　感官评分细则

评分/分	感官指标
9～10	藻腥味基本消失
7～8	藻腥味明显减少
5～6	藻腥味减少
3～4	藻腥味较重
1～2	藻腥味很重

4.3　结果与分析

4.3.1　多肽含量和复水比例的确定

以酪蛋白的质量浓度为横坐标，OD值为纵坐标作标准曲线图，如图4.1所示，得出标准曲线为

$$y = 0.180\,9\,x + 0.088, \quad R^2 = 0.999$$

从标准曲线图可以看出，所有的点几乎在一条直线上，说明试验的误差比较小。由此标准曲线来测定多肽含量的可信度比较高。

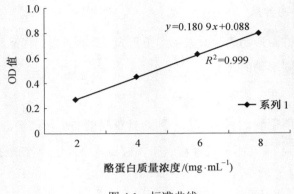

图 4.1　标准曲线

多肽含量的确定首先用分光光度计测定不同复水比例下的 OD 值，然后按标准曲线（$y=0.180\ 9\ x+0.088$）计算出其含量，再乘以样品稀释比例，即为小球藻多肽含量（质量浓度），即

$$多肽含量（mg/mL）=（A-0.088）\times N/0.180\ 9$$

式中，A 为 OD 值；N 为样品稀释倍数。

用分光光度计测定不同复水比例下的 OD 值，每个复水比例做 3 次重复试验，用最终测得的数据作图，如图 4.2 所示。

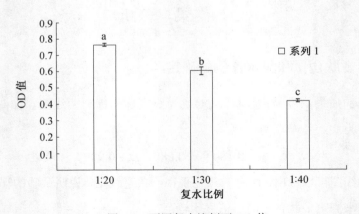

图 4.2　不同复水比例下 OD 值

由图 4.2 可以看出，1：20 复水比例下的 OD 值比较高，1：40 复水比例下的 OD 值比较低，原因可能是复水比例越小，多肽提取液的颜色越深。每个复水比例下的正负误差线都比较短，说明组内误差比较小。用 SPSS 软件在 0.05 的显著性水平下分析不同复水比例下 OD 值的差异，可得 3 个复水比例下都有显著性差异。

由 OD 值计算不同复水比例下的多肽含量和色泽见表 4.3。

表 4.3　不同复水比例的多肽含量和色泽

复水比例	多肽含量/（g·mL^{-1}）	色泽
1：20	0.075	深黄绿色
1：30	0.087	浅黄绿色
1：40	0.074	淡黄绿色

复水比例的确定如下，由表 4.3 可以看出不同复水比例下有不同的多肽含量和色泽，在 1：30 的复水比例下，多肽含量最高，颜色比较适中；1：20 和 1：40 的复水比例下，多肽含量都较少，而且颜色不是太深就是太浅。从品质和色泽两方面综合来看，较适合的复水比例为 1：30。下述试验都将在此复水比例下进行。

4.3.2　小球藻提取液脱腥方法比较

小球藻具有藻类特有的藻腥味，如果直接用于做产品会让人难以接受，因此脱腥是生产小球藻口服液的关键。本试验中，比较了添加葡萄糖、β-环状糊精、活性炭 3 种脱腥方法对于小球藻口服液脱腥效果的影响。分别做了单因素试验如下。

1. 葡萄糖脱腥

研究表明，制备海参等海产品时，一定质量浓度的葡萄糖可以掩盖海参等海产品的腥味。本试验用葡萄糖脱腥以后的效果见表 4.4，由表 4.4 可得，葡萄糖添加量在 0.05 g/mL 的质量浓度范围内，腥味的感官评分都在 5 分以下，证明在此质量浓度范围内葡萄糖的脱腥效果让人难以接受。如果想得到一个好的脱腥效果，需要较大的质量浓度，从经济节约的角度也是不可取的。于是得出结论为葡萄糖对于小球藻口服液的脱腥效果并不理想。

表 4.4 葡萄糖脱腥试验结果

试验号	葡萄糖/（g·mL^{-1}）	感官评定/分	感官评定/分	感官评定/分	平均分/分	颜色
1	—	1	1	1	1.00	黄绿
2	0.01	1	1	1	1.00	黄绿
3	0.02	1	1	2	1.33	黄绿
4	0.03	2	2	1	1.67	黄绿
5	0.04	3	4	3	3.33	黄绿
6	0.05	4	4	3	3.67	黄绿

对组内作正负误差线，如图 4.3 所示。

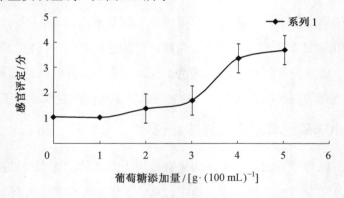

图 4.3 葡萄糖感官评定结果

由图 4.3 可以看出，组内的误差线比较短，说明这个试验各个重复之间的误差比较小，试验的可信度比较高。

2. β-环状糊精包埋法

β-环状糊精由 7 个吡喃葡萄糖以 α-1,4 糖苷键相连成环状，外层亲水，内层疏水，其分子间存在 0.7～0.8 nm 的、含有 CH 和糖苷结合的—O—原子的环状空穴，可以将小球藻多肽、腥味物质包埋起来，起到脱腥的作用。据研究，β-环状糊精包埋法对小球藻的脱腥效果较好。本试验用 β-环状糊精脱腥后的效果见表 4.5，从表 4.5 可得，用 β-环状糊精脱腥以后的效果评分都较高，说明 β-环状糊精脱腥以后的效果可以让人接受，而且在质量浓度大于 0.04 g/mL 时几乎没有腥味。说明 β-环状糊精对小球藻口服液藻腥味的掩盖效果较好，同时从色泽上可以看出 β-环状糊精对产品本身的色泽感官性状影响小。于是可以得出 β-环状糊精对于小球藻口服液来说是较适合的脱腥剂。

表 4.5　β-环状糊精脱腥试验结果

试验号	β-环状糊精	感官评定/分	感官评定/分	感官评定/分	平均分/分	颜色
1	—	1	1	1	1.00	黄绿
2	0.01	3	3	3	3.00	黄绿
3	0.02	6	5	6	5.67	淡黄绿
4	0.03	8	7	7	7.33	淡黄绿
5	0.04	9	10	10	9.67	淡黄绿
6	0.05	10	10	10	10	淡黄绿

β-环状糊精脱腥效果评定结果如图 4.4 所示。

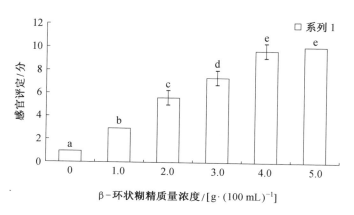

图 4.4　β-环状糊精脱腥效果评定结果

由图 4.4 可得，随着 β-环状糊精质量浓度的增大，感官评分的分数随之升高，在质量浓度为 0.04 g/mL 时腥味几乎全部消失。从正负误差线可以看出，误差线很短，说明组内误差比较小，数据比较可靠。经过 SPSS 软件在 0.05 的显著性水平下分析可得，除了在质量浓度为 0.04 g/mL 和 0.05 g/mL 感官评分没有显著性差异外，其余的都有显著性差异。虽然直观来看质量浓度为 0.05 g/mL 时 β-环状糊精的脱腥效果较好，但是因为 0.04 g/mL 和 0.05 g/mL 没有显著性差异，β-环状糊精添加过量会有微甜味影响最后的口感，而且从经济节约的角度，应该选定 β-环状糊精的添加量为 0.04 g/mL。

3. 活性炭脱腥试验

活性炭是一种多孔性含碳物质，具有发达的孔隙结构和巨大的比表面积，因此具有很强的吸附性。本试验用活性炭做脱腥剂脱腥效果见表 4.6，由表 4.6 可知，活性炭的脱腥效果过强，脱色也较明显，当活性炭用量达 0.02 g/mL 时，小球藻口服液的藻腥味基本消失，颜色呈透明状。缺点是活性炭对蛋白有一定的吸附作用，在腥味除尽的同时，小球藻口服液中绿藻多肽、藻蓝蛋白等有效物质也大部分被除去，因此不宜采用。

表 4.6 活性炭脱腥试验结果

试验号	活性炭/（g·mL^{-1}）	感官评定/分	感官评定/分	感官评定/分	平均分/分	颜色
1	—	1	1	2	1.33	黄绿色
2	0.005	3	4	3	3.33	黄绿色
3	0.01	5	6	6	5.67	淡黄绿色
4	0.015	7	8	8	7.67	淡黄绿色
5	0.02	9	9	8	8.67	几乎为透明
6	0.025	9	10	10	9.67	透明状

活性炭脱腥效果评定结果如图 4.5 所示。

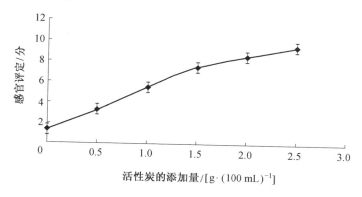

图 4.5　活性炭脱腥效果评定结果

从图 4.5 可以看出正负误差线比较短，说明组内误差比较小。

综上所述，3 种脱腥方法中，葡萄糖脱腥效果很差；活性炭在脱除腥味的同时，会减淡色泽；β-环状糊精除腥效果好，并且脱腥原理是将小球藻多肽腥味物质包埋起来，达到掩盖腥味的效果，有效成分没有损失，对产品本身的色泽感官性状影响也较小，因此本节选用 β-环糊精作为小球藻藻提取液的脱腥剂，同时脱腥量选为 0.04 g/mL。

4.3.3　小球藻多肽口服液口感的调配

小球藻提取液脱腥后，糖酸比的调配是决定产品风味的重要手段。研究中，采用蔗糖作为甜味剂，柠檬酸为酸味剂，研究其对脱腥后小球藻口服液口感的影响。本试验在不用的糖酸比下的口感评分如图 4.6 所示。

由图 4.6 可得，随着糖酸比的升高，口感评分先升高后降低，在 1∶100 时达到最高分。说明在糖酸比适宜时大家更容易接受，蔗糖或者柠檬酸任何一个过量，就会影响口感；图中正负误差线都较短，说明组内误差较小，试验可信度感高；用 SPSS 软件在 0.05 差异水平下分析可得，除了糖酸比 1∶125 与 1∶75 和 1∶100 没有显著性差异，其余的都有显著性差异，由此可知 1∶100 和 1∶125 都可以进行选择，但是从口感的较优考虑，选择评分较高的 1∶100。

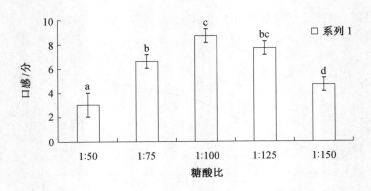

图 4.6　不同糖酸比口感评分

4.3.4　响应面法确定小球藻多肽口服液的最佳生产工艺

1. 柠檬酸、蔗糖、β-环状糊精用量三因素响应面试验

响应面因素见表 4.7。

表 4.7　响应面因素

因素	水平		
	−1	0	1
β-环状糊精添加量/%	3	4	5
蔗糖添加量/%	4	5	6
柠檬酸添加量/%	0.040	0.050	0.067

2. 响应面Box-Behnken试验设计方案及结果

设计方案及结果见表 4.8。

表 4.8　设计方案及结果

试验号	蔗糖添加量（A）/%	β-环状糊精添加量（B）/%	柠檬酸添加量（C）/%	口感/分
1	6	5	0.053 5	8
2	5	4	0.053 5	8
3	6	3	0.053 5	7
4	5	4	0.053 5	8
5	5	4	0.053 5	9
6	4	4	0.067	5
7	4	5	0.053 5	7
8	5	4	0.053 5	8
9	4	4	0.04	5
10	5	5	0.04	7
11	5	4	0.053 5	8
12	5	3	0.04	6
13	5	5	0.067	7
14	6	4	0.067	7
15	6	4	0.04	6
16	4	3	0.053 5	4
17	5	3	0.067	7

3. 方差分析和变异系数

由方差分析（表 4.9）可知，模型的 F 值为 9.76，$P=0.003\ 3<0.01$，表明本试验所采用的二次模型是极其显著的，在统计学上是有意义的。失拟项用来表示所用模型与试验的拟合程度，也就是二者差异的程度。本试验中 $P=0.245\ 1>0.05$，对模型有利，没有失拟因素存在。所以可以用模型来代替试验数据进行统计与计算。

在此试验中 A 的 $P=0.002\ 6<0.01$，所以蔗糖的添加量对于试验来说影响是极其显著的。而 B 的 $P=0.013\ 7<0.05$，所以 β-环状糊精对于试验的影响是显著的。而柠

檬酸的 $P > 0.05$，对于试验的影响是不显著的。A^2、C^2 的 P 值都小于 0.01，对于试验的影响都是极其显著的，B^2 对于试验几乎没有影响。由此可见柠檬酸添加量对于试验没有显著影响。

交互性 AB、AC、BC 的 P 值都大于 0.05，影响是不显著的，所以相互项对于口感没有显著影响。

校正系数 R^2（Adj）=0.831 2，变异系数为 C.V.%=7.86%，说明该模型有 16.88 的变异不能由该模型解释，因此该模型拟合性良好。拟合出的多元二次方程，R^2=0.831 2，与原文的拟合方程一致。原文的拟合方程为

$$Y = 8.20 + 0.88A + 0.63B + 0.25C - 0.50A^2 + 0.25AC - 0.25BC - 1.35A^2 - 0.35B^2 - 1.10C^2$$

表 4.9　回归模型方差分析

变异来源	平方和	自由度	均方	F 值	概率保证 $P>F$
模型/%	25.714 71	9	2.857 19	9.756 257	0.003 3
蔗糖添加量（A）/%	6.125	1	6.125	20.914 63	0.002 6
β-环状糊精添加量（B）/%	3.125	1	3.125	10.670 73	0.013 7
柠檬酸添加量（C）/%	0.5	1	0.5	1.7073 17	0.232 6
AB	1	1	1	3.414 634	0.107 1
AC	0.25	1	0.25	0.853 659	0.386 3
BC	0.25	1	0.25	0.853 659	0.386 3
A^2	7.673 684	1	7.673 684	26.202 82	0.001 4
B^2	0.515 789	1	0.515 789	1.761 232	0.226 1
C^2	5.094 737	1	5.094 737	17.396 66	0.004 2
残渣项	2.05	7	0.292 857		
失拟项	1.25	3	0.416 667	2.083 333	0.245 1
误差项	0.8	4	0.2		
总变异	27.764 71	16			
	R^2 (Adj)=0.831 2		C.V.%=7.86%		R^2=0.926 2

4. 等高线图和三维响应面图

（1）蔗糖添加量、β-环状糊精添加量、口感之间的响应曲线图。

蔗糖添加量和β-环状糊精添加量对口感的影响如图 4.7 所示，三维曲线图如图 4.8 所示。从图 4.8 三维曲面可见，当蔗糖添加量不变时，感官评分随着β-环状糊精的添加量增加而先升高后降低；当β-环状糊精添加量固定不变时，感官评分随着蔗糖添加量的增加而先升高后降低。等高线变化趋势图显示蔗糖的添加量为 5%、β-环状糊精的添加量为 4% 时小球藻口服液的感官评分有最大值。在这一数值之外，口感评分反而下降。

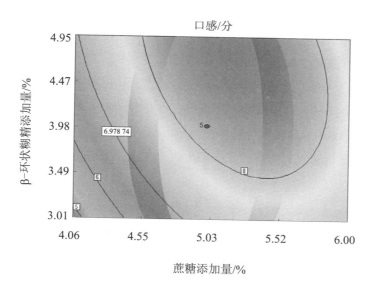

图 4.7　蔗糖添加量和β-环状糊精添加量对口感的影响

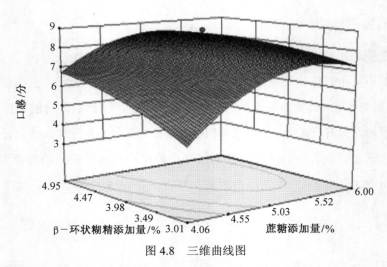

图 4.8　三维曲线图

（2）蔗糖添加量、柠檬酸添加量、口感之间的响应曲线图。

蔗糖添加量和柠檬酸添加量对口感的影响如图 4.9 所示，三维曲线图如图 4.10 所示。从图 4.10 的三维曲面可见，当蔗糖添加量不变时，感官评分随着柠檬酸的添加量增加而先升高后降低；当柠檬酸添加量固定不变时，感官评分随着蔗糖添加量的增加而先升高后降低。等高线变化趋势图显示蔗糖的添加量为 5%、柠檬酸的添加量为 0.05% 时小球藻口服液的感官评分有最大值。在这一数值之外，口感评分反而下降。

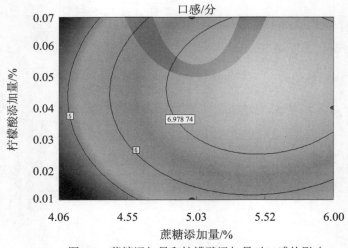

图 4.9　蔗糖添加量和柠檬酸添加量对口感的影响

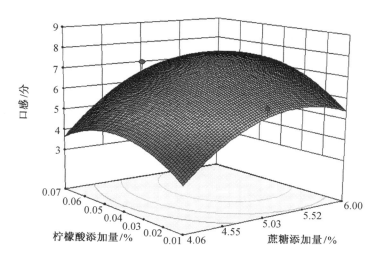

图 4.10　三维曲线图

（3）β-环状糊精添加量、柠檬酸添加量、口感直接的响应曲线图。

β-环状糊精添加量和柠檬酸添加量对口感的影响如图 4.11 所示，三维曲线图如图 4.12 所示。从图 4.12 的三维曲面可见，当β-环状糊精添加量不变时，感官评分随着柠檬酸的添加量增加而先升高后降低；当柠檬酸添加量固定不变时，感官评分随着β-环状糊精添加量的增加而先升高后降低。等高线变化趋势图显示β-环状糊精的添加量为 4%、柠檬酸的添加量为 0.05%时小球藻口服液的感官评分有最大值。在这一数值之外，口感评分反而下降。

用 RSM 得出试验最优方案为在柠檬酸添加量为 0.05%、蔗糖用量为 5.19%、β-环糊精用量为 4.74%时，小球藻口服液无藻腥味，甜酸口感正合适。

由以上的试验可以确定最佳工艺配方是以加入小球藻多肽质量浓度为 0.082 6 mg/L 提取液为原料，配以 5.19%蔗糖、4.74%环糊精、0.05%柠檬酸。该配方在掩盖了大部分藻腥味的同时，仍保留了产品的有效成分和风味。以上 3 个因素中，蔗糖添加量对产品口感有极其显著性影响，β-环状糊精添加量在试验用量范围内对产品口感有显著影响，柠檬酸的添加量对于试验无显著影响。

口感/分

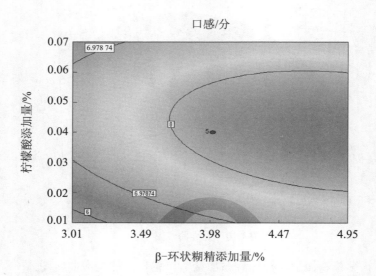

图 4.11　β-环状糊精添加量和柠檬酸添加量对口感的影响

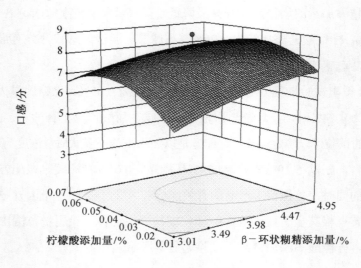

图 4.12　三维曲线图

①由双缩脲法测定多肽含量的结果如下。

由图 4.13 可知，4 个点基本在一条直线上，说明各组数据间误差较小，结果较为准确，适合作为标准曲线来推测藻液中的多肽含量。该直线表达式为

$$y = 0.180\ 9x + 0.088\ 8,\ R^2 = 0.999$$

小球藻溶液中多肽含量（质量浓度）计算式为

$$多肽含量（mg/mL）=（A - 0.088\ 8）\times N/0.180\ 9$$

式中，A 为 OD 值；N 为样品稀释倍数。

最终，可求得多肽质量浓度为 0.082 6 mg/L。

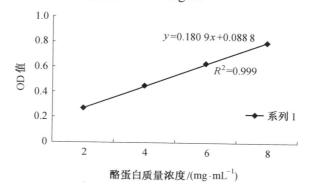

图 4.13　酪蛋白标准曲线

②不同复水比例下多肽含量的分析。

小球藻溶液吸光值见表 4.10。

表 4.10　小球藻溶液吸光值

复水比例	OD值重复1	OD值重复2	OD值重复3	平均值	多肽含量/（g·mL⁻¹）
1：20	0.768	0.766	0.776	0.770	0.075
1：30	0.598	0.610	0.632	0.613	0.087
1：40	0.422	0.428	0.417	0.423	0.074

由表 4.10 可知，不同复水比例得到的藻液中多肽含量不同。在粉水比为 1：30 时，藻液中多肽含量最高，为 0.075 g/mL；当粉水比为 1：20、1：40 时，多肽含量差异不显著。

4.3.5　正交分析法确定小球藻多肽口服液的最佳生产工艺

正交分析结果见表 4.14。

表 4.14　正交分结果

试验号	糖酸比（A）	蔗糖添加量（B）/%	β-环状糊精（C）/%	感官评分/分
1	1	1	1	5.0
2	1	2	2	5.5
3	1	3	3	8.0
4	2	1	2	8.5
5	2	2	3	9.6
6	2	3	1	8.7
7	3	1	3	7.0
8	3	2	1	5.2
9	3	3	2	4.5
$\overline{K_1}$	6.17	6.83	6.07	
$\overline{K_2}$	8.93	6.77	6.17	
$\overline{K_3}$	5.57	7.07	8.20	
R	1.60	0.3	1.35	

根据表 4.14 可知，由于极差 $R_A > R_C > R_B$，所以可知，相对于其他两个因素，糖酸比对小球藻多肽口服液口味的影响是最显著的；而在另外两个因素中，β-环状糊精对口味的影响比蔗糖更显著些。

SPSS 分析表见表 4.15。

根据表 4.15 可知，F（糖酸比）=9.674>$F_{0.1}$（2，2）=9，所以在小球藻多肽口服液的口味调配中，糖酸比的影响是显著的；而 F（蔗糖添加量）=0.117< $F_{0.1}$(2，2)=9，F（环状糊精添加量）=6.117< $F_{0.1}$（2，2）=9，所以可知，蔗糖与β-环状糊精对小球藻多肽口服液口味的影响是不显著的。

表 4.15　SPSS 分析结果

变异来源	Ⅲ型平方和	自由度	均方	F值	P值
校正模型	27.260	6	4.543	7.161	0.128
截距	427.111	1	427.111	673.205	0.001
糖酸比	19.349	2	9.674	15.249	0.062
蔗糖添加量/%	0.149	2	0.074	0.117	0.895
环状糊精添加量/%	7.762	2	3.881	6.117	0.141
误差	1.269	2	0.634		
总计	455.640	9			
校正的总计	28.529	8			

由以上两个分析方法得到的结果一致，说明此结果真实可信。

最终得到的小球藻产品照片如图 4.14 所示。

图 4.14　小球藻产品照片

4.4 本章小结

本试验利用破壁的小球藻粉首先进行复水，并用独特的木瓜蛋白酶酶解法获得小球藻多肽，然后进行脱腥、调味，最后用响应面法优化最佳的生产工艺。可得：

（1）最佳的复水比例为 1∶30，在此比例下可得多肽含量为 0.082 6 mg/L，颜色为浅黄绿色的多肽提取液。

（2）最佳的脱腥剂为 β-环状糊精，最佳添加量为 0.04 g/mL。

（3）口感最好的糖酸比为 1∶100；

响应面法分析的最佳生产工艺为 4.74% β-环状糊精、5.19%的蔗糖和 0.05%的柠檬酸。以上 3 个因素中，蔗糖添加量对产品口感有极其显著性影响，β-环状糊精添加量在试验用量范围内对产品口感有显著影响，柠檬酸的添加量对于试验无显著影响。在本试验中，将破壁小球藻粉进行复水，随之采用木瓜蛋白酶酶解法提取藻液中的活性多肽，之后经脱腥、调配，并用正交分析法对糖酸比、β-环状糊精的添加量进行分析。最终，得到如下结论：

（1）在粉水比为 1∶30 时，可得小球藻多肽口服液中多肽含量为 0.082 6 mg/L。

（2）在多种脱腥方法中，β-环状糊精脱腥效果最为显著，最适添加量为 0.025 g/mL。

（3）在多种糖酸比中，1∶125 的调配比例口感最好。

（4）由正交试验的分析结果可知，在小球藻多肽口服液的调配中，糖酸比、β-环状糊精、蔗糖对口味的影响显著性依次减弱。

（5）得到的小球藻口服液性状为酸甜适中、有独特海藻味的棕黄褐色液体。

第5章　小球藻面条的研制及性质研究

5.1　概　　述

目前，小球藻的开发利用在国内还不算成熟，但是小球藻在食品领域具有非常广阔的发展前景，小球藻已经运用到了许多领域，如食品添加剂、饲料、美容保健等。并且早在30年前国外就已经把小球藻作为添加剂和健康的食品，并且FOA也已经将小球藻列为人类绿色的营养源健康食品。早在20世纪60年代初，我国曾经出现过养殖小球藻的热潮，并积累了一些养殖方面的经验，但是由于各种原因，最终没能实现产业的化生产规模。在2012年我国又将小球藻批准为了新资源健康食品，并且把它作为新兴产业的一种主要藻种。如今，随着人们对小球藻的营养保健及药理作用更加深入的了解与认识,对于小球藻的培养又开始重新被重视起来。如今，小球藻的年产量将近2 000 t，而市场的年需求量为8 000～10 000 t，因此小球藻的市场前景是比较广阔的。

面条是我国人最传统也是最喜爱的主食，随着人们养生观念的不断深化，营养功能型面条层出不穷，例如马铃薯面条、荞麦面条、燕麦面条、胡萝卜面条、香椿面条等。基于这一发展趋势，研究了一种新型面条：小球藻面条。在本试验中，使用小球藻粉来进行小球藻面条的设计。但是根据传统制作面条的方法，制作出的小球藻面条不仅藻腥味重而且品质不佳，因此将通过掩蔽法即利用香辛料煮成的汁液代替水来和面，从而来掩盖腥味，并且通过使用改良剂（谷朊粉和黄原胶）来改善其质构特性和蒸煮特性。

当今社会，人们生活水平有了明显的提高，消费者在选择食品时除了注重口感以外，还更加注重食物的营养与健康。在面条中添加小球藻，不仅能提高面条的营养价值，还能使面条具有小球藻独特的风味和香味。目前国内对小球藻面条的研究比较少，一直没有形成产业化的生产规模。本试验将对小球藻面条进行加工工艺的研究，来寻找最优的生产配方，为进一步开发利用小球藻提供科学的依据。

5.2 材料与方法

5.2.1 材料与仪器

该试验所用材料与仪器见表 5.1。

表 5.1 试验所用材料与仪器

材料与仪器	公司
小球藻粉	青岛恒达精益贸易有限公司
小麦粉、食盐、香辛料（香叶、草蔻、白蔻）	河北省保定市市售食品级
黄原胶	淄博中轩生化有限公司
谷朊粉	河南万邦实业有限公司
和面机	永康市野乐日用五金厂
压面机	义乌市宝通家居用品厂
电子天平	杭州万特衡器有限公司
C21-WK2102 型电磁炉	广东美的生活电器制造有限公司
量筒	广州峰齐仪器有限公司
TA.XT.Plus 型质构仪	英国 Stable Micro System 公司

5.2.2 混合粉制作

1. 不同配比小球藻粉-小麦粉-黄原胶混合粉制作

将称量好的小球藻粉、小麦粉和黄原胶装入混匀容器中，充分混匀。混合粉中小球藻粉、小麦粉和黄原胶的质量分数见表5.2。除样品1未做处理外，其余样品小球藻粉的添加量均为0.3%，黄原胶的添加量分别按0、0.1%、0.2%、0.3%、0.4%、0.5%进行处理。

表 5.2 小球藻粉-小麦粉-黄原胶混合粉的配比

样品编号	1	2	3	4	5	6	7
小球藻粉/%	0	0.3	0.3	0.3	0.3	0.3	0.3
小麦粉/%	100	99.7	99.6	99.5	99.4	99.3	99.2
黄原胶/%	0	0	0.1	0.2	0.3	0.4	0.5

2. 不同配比小球藻粉-小麦粉-谷朊粉混合粉制作

将称量好的小球藻粉、小麦粉和谷朊粉装入混匀容器中，充分混匀。混合粉中小球藻粉、小麦粉和谷朊粉的质量分数见表5.3。除样品1未做处理外，其余样品小球藻粉的添加量均为0.3%，谷朊粉的添加量分别按0、4%、8%、12%、16%、20%进行处理。

表 5.3 小球藻粉-小麦粉-谷朊粉混合粉的配比

样品编号	1	2	3	4	5	6	7
小球藻粉/%	0	0.3	0.3	0.3	0.3	0.3	0.3
小麦粉/%	100	99.7	95.7	91.7	87.7	83.7	79.7
谷朊粉/%	0	0	4	8	12	16	20

5.2.3 工艺流程

一定比例的小麦粉、小球藻粉→加一定量的食盐和改良剂（谷朊粉和黄原胶）→利用香辛料汁液和面→熟化→压延→切条→干燥→切断。

1. 香辛料汁液的制备和添加量的确定

将香叶、草蔻、白蔻以 1∶1∶1 的比例称量好并放入滤布中包扎好，将香辛料和水分别以 0、1∶100、2∶100、3∶100、4∶100 的比例煮沸，并静置至室温，用以和面。和面完成要保证面条不黏不干，记录此时的香辛料汁液添加量。

2. 改良剂的选择和添加量的确定

在小球藻面条的加工过程中需要添加改良剂来提高面条的质构特性和蒸煮品质。在小球藻面条制作过程中分别加入 0、0.1%、0.2%、0.3%、0.4%、0.5%的黄原胶或者 0、4%、8%、12%、16%、20%的谷朊粉，考查它们对面条蒸煮品质和质构特性的影响，以此来确定改良剂的种类和添加量。

3. 小球藻面条的制作

准确称取小球藻粉和小麦粉混合粉 200 g（小球藻粉添加量按混合粉质量的 0.3%进行称量）。向混合粉中加入 105 mL 的不同比例香辛料汁液来和面，可以制得不黏不干的面条。

将小球藻粉和小麦粉混合粉与 2 g 食盐混匀和 105 mL 香辛料汁液倒入和面机中，和面 10 min，使之形成面团，保证和面机里的物料充分混匀并且和面机保持干净。面团和好后，将其转移至不锈钢盆中，用保鲜膜覆盖盆口，静置 20 min 后拿出，利用电动压面机进行压片切条，压片过程如下：于压面机辊间距 2 mm 处压片一次，使熟化的面团被压成片，再合片 4 次使之形成面片，此时的面片表面光滑。将轧好的面片迅速放入塑料平板中，并用保鲜膜覆盖后用湿纱布封口。静置 20 min 后，取出切条，干燥、切断备用。

5.2.4　试验指标测定方法

1. 最佳蒸煮时间的确定

取 20 根长度为 25 cm 的面条置于 500 mL 开水中煮，2 min 后随机挑起一根面条，以后每隔 10 s 进行一次，直至面条中间的白芯消失为止，记录此时所用时间即为面条的最佳蒸煮时间。

2. 熟断条率

取 20 根长度为 25 cm 的面条置于 500 mL 开水中煮，保持水的沸腾状态煮 4.5 min，将面条轻轻挑出，数出面条断条数（N），计算面条熟断条率。

$$熟断条率=N/20×100\%$$

3. 干物质吸水率

取 20 根长度为 25 cm 的面条进行称重，记为 mg，将其置于 500 mL 开水中煮，保持水的沸腾状态煮 4.5 min，捞出面条放到滤纸上，静置 5 min，再次称重，计算干物质吸水率。计算公式为

干物质吸水率（%）=（煮后面条质量-煮前面条质量×（1-样品水分%））/煮前面条质量×（1-样品水分%）×100

4. 熟面条 TPA 质构特性的测定

取 20 根长度为 25 cm 的面条置于 500 mL 开水中煮，保持水的沸腾状态煮 4.5 min，捞出面条放到滤纸上，静置 5 min。

质构仪选用 Code HDP/PFS 探头，测试参数设定为：测试模式，Measure Force in Compression；测前速度，2.0 mm/s；测中速度，0.8 mm/s；测后速度，0.8 mm/s；压缩程度，70%；负载类型，Auto-5 g；两次压缩之间的时间间隔，1 s。以硬度、黏附性、弹性、黏结性和回复性作为 TPA 试验分析参数，每个试样做 6 次平行试验，去掉最大、最小值后求平均值。

5. 熟面条拉伸特性的测定

取 20 根长度为 25 cm 的面条置于 500 mL 开水中煮,保持水的沸腾状态煮 4.5 min,捞出面条放到滤纸上,静置 5 min。

质构仪选用 Code A/SPR 探头,测定参数设定为:测试模式,Measure Force in Extension;测前速度,2.0 mm/s;测中速度,2.0 mm/s;测后速度,10.0 mm/s;压缩程度,100 mm/s;负载类型,Auto-0.5 g。以拉断力和拉伸距离作为拉伸试验分析参数,每个试样做 6 次平行试验,去掉最大、最小值后求平均值。

6. 小球藻面条的感官评定标准

小球藻面条的感官评定标准见表 5.4。

表 5.4 小球藻面条的感官评定标准

项目	感官评定结果		
弹性（9 分）	富有弹性（8～9 分）	弹性一般（5～7 分）	弹性不足（1～4 分）
硬度（9 分）	硬度小（7～9 分）	硬度一般（4～6 分）	硬度大（1～3 分）
黏性（9 分）	黏性小（7～9 分）	黏性一般（4～6 分）	黏性大（1～3 分）
颜色（9 分）	亮度好（8～9 分）	亮度一般（5～7 分）	亮度差（1～4 分）
风味（9 分）	无异味（8～9 分）	轻度异味（5～7 分）	异味大（1～4 分）
感官综合接受度（9 分）	完全接受（8～9 分）	基本接受（3～7 分）	不能接受（1～2 分）

5.2.5　数据统计与处理

采用 SPSS 16.0 软件进行方差分析,邓肯氏多重域检验确定数据间的差异,显著水平为 $P<0.05$。每个样品测定 3 次,测定其平均值。

5.3　结果与分析

5.3.1　小球藻粉的添加量对面条 TPA 的影响

小球藻粉的添加量对面条 TPA（全质构分析）的影响见表 5.5。

表 5.5　小球藻粉的添加量对面条 TPA 的影响

小球藻粉的 添加量/%	硬度/N	内聚性	弹性	胶黏性/N	咀嚼性/N
0	80.74 ± 3.61^{ab}	0.37 ± 0.021^{a}	0.81 ± 0.030^{a}	28.61 ± 1.44^{a}	20.61 ± 1.88^{a}
0.1	80.88 ± 3.45^{ab}	0.29 ± 0.022^{b}	0.65 ± 0.018^{b}	28.12 ± 1.46^{b}	19.91 ± 1.11^{b}
0.2	81.55 ± 2.11^{cd}	0.29 ± 0.020^{b}	0.75 ± 0.026^{b}	28.56 ± 1.55^{ac}	20.99 ± 1.32^{a}
0.3	81.52 ± 3.24^{ab}	0.30 ± 0.019^{b}	0.78 ± 0.036^{b}	27.78 ± 1.62^{ac}	21.54 ± 2.11^{ac}
0.5	83.55 ± 4.78^{cd}	0.31 ± 0.009^{b}	0.85 ± 0.01^{e}	27.38 ± 1.46^{bc}	21.98 ± 1.81^{ac}

由表 5.5 可知，当小球藻粉添加量不断增加时，面条的硬度也会随着添加量的增加而增大，且明显比空白对照组的值高。在 0.2%和 0.3%时，面条的水平硬度的值和空白对照组相接近。添加了小球藻粉面条的内聚性都比空白对照组低。当小球藻粉的添加量不断增加时，小球藻面条的弹性指标也会随之增大。当小球藻粉的添加量为 0.3%时，面条的黏性值便会比空白对照组的数值低。当小球藻粉的添加量 0.1%和 0.2%时，面条咀嚼性的值与空白对照组的值比较接近。综上所述，当小球藻粉的添加量为 0.2%时较为合理。

5.3.2　明胶的添加量对面条 TPA 的影响

明胶的添加量对面条 TPA 的影响见表 5.6。

表 5.6　明胶的添加量对面条 TPA 的影响

明胶的添加量/%	硬度/N	内聚性	弹性	胶黏性/N	咀嚼性/N
0	86.02±2.48^{ab}	0.30±0.017^a	0.80±0.035^a	26.7±1.62^{ab}	20.97±2.13^a
0.20	73.02±2.45^a	0.36±0.019^a	0.84±0.02^b	25.94±2.15^a	22.46±1.00^a
0.40	86.89±1.20^{bc}	0.38±0.02^{ab}	0.90±0.02^b	34.59±0.90^b	29.78±1.90^b
0.60	86.27±2.20^{bc}	0.38±0.01^{ab}	0.97±0.01^d	33.86±1.00^d	33.10±1.50^c
0.80	92.15±2.42^d	0.43±0.01^c	0.97±0.03^d	39.91±1.68^e	39.60±1.49^d

由表 5.6 可知，当明胶的添加量为 0.2%时，面条的硬度有了明显的降低，并且当明胶添加量逐渐增加时，硬度、内聚性也会随着明胶的添加量上升。明胶的添加对面条的弹性、胶黏性及咀嚼性的影响较为显著，随着明胶添加量的不断增加并呈现出了比较稳定的反应关系。

5.3.3　海藻酸钠的添加量对面条 TPA 的影响

海藻酸钠的添加量对面条 TPA 的影响见表 5.7。

表 5.7　海藻酸钠的添加量对面条 TPA 的影响

海藻酸钠的添加量/%	硬度/N	内聚性	弹性	胶黏性/N	咀嚼性/N
0	86.02±2.48^a	0.30±0.017^a	0.80±0.034^a	26.47±1.62^a	20.97±2.15^a
0.05	95.72±0.92^b	0.36±0.010^b	1.04±0.031^b	37.86±1.55^{bc}	39.20±1.78^{bc}
0.10	96.32±0.84^{bc}	0.37±0.0095^b	1.05±0.017^b	38.26±1.38^{bc}	38.50±2.01^{bc}
0.15	99.21±2.59^{cd}	0.38±0.010^b	1.07±0.044^b	38.79±0.91^c	40.39±0.31^c
0.20	98.20±1.93^{cd}	0.37±0.014^b	1.08±0.011^{bc}	42.38±2.64^{bc}	37.92±1.04^b

由表 5.7 可知，海藻酸钠的添加量对面条的硬度及内聚性的影响比较明显，添加了海藻酸钠的硬度及内聚性的值都显著高于空白对照组，所以海藻酸钠的添加量对数据的变化影响很大。随着海藻酸钠的添加面条的弹性、胶黏性逐渐增强，并与海藻酸钠的添加量呈现出正相关性。海藻酸钠的添加量对面条咀嚼性的影响不具备规律性，但从总体上来看咀嚼性的数值明显高于空白对照组。所以，海藻酸钠比较适宜的添加量为 0.15%。

5.3.4　沙蒿胶的添加量对面条 TPA 的影响

沙蒿胶的添加量对面条 TPA 的影响见表 5.8。

表 5.8　沙蒿胶的添加量对面条 TPA 的影响

沙蒿胶的添加量/%	硬度/N	内聚性	弹性	胶黏性/N	咀嚼性/N
0	86.02±2.48ᵃ	0.30±0.018ᵃ	0.79±0.036ᵃ	26.45±1.62ᵃ	20.96±2.13ᵃ
0.05	92.15±2.83ᵇ	0.42±0.019ᵃ	0.87±0.02ᵇ	33.28±0.88ᵇ	31.00±0.75ᵇ
0.10	93.34±3.48ᵇ	0.41±0.02ᵃᵇ	0.86±0.02ᵇ	34.85±1.22ᵇ	30.19±0.91ᵇ
0.15	92.84±3.34ᵇ	0.43±0.02ᵃᵇ	0.80±0.02ᵃᶜ	31.75±1.35ᶜ	25.81±1.26ᶜ
0.20	95.36±5.48ᶜ	0.42±0.04ᵇ	0.81±0.01ᶜ	27.02±1.45ᵈ	22.38±0.68ᵃ

由表 5.8 可知，当沙蒿胶的加入量逐渐增大时，面条的硬度也会明显增大的。且同添加量为 0 的对照组相比，沙蒿胶能够使面条的弹性增大，并且各个因素水平间也没有非常明显的数量反应关系。沙蒿胶的添加会使得面条的弹性有明显的改变，当沙蒿胶的添加量为 0.05%时，面条的弹性在此时达到了最大值。随着沙蒿胶的添加面条的胶黏性得到提升，当添加量为 0.1%时，胶黏性达到最大值，接着随着添加量的继续增加胶黏性反而出现下降的趋势。同时，随着沙蒿胶添加量的增加面条的咀嚼性呈现出先增加后降低的趋势，并在添加量为 0.05%时达到了最大值，从整体上看面条的咀嚼性值大于空白对照组。

5.3.5 小球藻粉的添加量对面条品质的影响

小球藻粉的添加量对面条品质的影响见表 5.9。

表 5.9 小球藻粉的添加量对面条品质的影响

添加量/%	色泽	自然断条率/%	熟断条率/%	吸水率/%	蒸煮损失/%
0	白色	7.50	5.50	150.57	4.70
0.10	浅绿色	7.70	6.80	165.72	4.90
0.30	绿色	8.20	7.50	145.59	5.21
0.50	深绿色	8.40	7.70	142.41	5.34
0.70	墨绿色	8.70	7.90	141.97	5.97

由表 5.9 可知，当小球藻添加量不断增加时，面条的蒸煮品质可以得到较大程度的改变。这主要是由于小球藻中的蛋白质主要由水溶性的清蛋白和盐溶性的球蛋白所构成，使得面团的弹性，延伸性比较小。因此，当小球藻粉以一定的剂量加入小麦面粉时，使得最终形成的面团的弹性、韧性及延伸性随之下降，进而导致了面条的品质较差。

5.3.6 不同种类的添加剂对面条品质的影响

小球藻吸水后使得揉好的面团不易形成良好的面筋网络结构，进而导致面团比较容易断裂,与此同时面条的延展性也会随之变小。因此，加工起来比较困难。通过添加剂对面条的进行加工工艺方面的改进，以使和出的面团具有比较好的加工特点。本试验通过添加明胶、海藻酸钠和沙蒿胶这 3 种食品添加剂来对小球藻面条进行品质的改良，并测定小球藻面条的断条率、吸水率及蒸煮特性，结果分别见表 5.10、表 5.11 和表 5.12。

表 5.10　明胶的添加量对面条品质的影响

明胶的添加量/%	自然断条率/%	熟断条率/%	吸水率/%	蒸煮损失/%
0	17.60	15.40	150.57	4.70
0.20	14.80	9.40	165.72	4.90
0.40	9.30	7.50	145.59	5.21
0.60	8.40	6.70	142.41	5.34
0.80	7.80	6.10	141.97	5.97

表 5.11　海藻酸钠的添加量对面条品质的影响

添加量/%	自然断条率/%	熟断条率/%	吸水率/%	蒸煮损失/%
0	5.50	5.50	150.57	4.70
0.20	5.40	6.80	165.72	4.90
0.40	5.60	7.50	145.59	5.21
0.60	7.80	7.70	142.41	5.34
0.80	8.70	7.90	141.97	5.97

表 5.12　沙蒿胶的添加量对面条品质的影响

添加量/%	自然断条率/%	熟断条率/%	吸水率/%	蒸煮损失/%
0	7.50	5.50	150.57	4.70
0.05	7.70	6.80	165.72	4.90
0.10	8.20	7.50	145.59	5.21
0.15	8.40	7.70	142.41	5.34
0.20	8.70	7.90	141.97	5.97

通过观察表 5.10～5.12 可以发现，添加剂的使用使得面条的蒸煮特性有了改善。明胶、海藻酸钠和沙蒿胶这 3 种添加剂都属于食用胶类，这 3 种添加剂均是通过非共价键的作用力形成了有一定黏性和弹性的三维网状结构，这种网状结构与面筋具有相似的结构化功能，进而使得面团的品质得到一定程度的改善。添加了沙蒿胶以后也使面条的硬度在一定程度上也有所增加，所以面条的抗拉伸强度得到了提高，但是面条的黏着性、断条率、蒸煮损失率却是降低。但这 3 种添加剂对面条品质的影响是存在一定差别的，把添加了 3 种添加剂的面条在以上 4 个试验指标中进行对比，可以明显地看出添加了沙蒿胶的面条品质是比较好的。

5.3.7　单因素试验

为了获得品质较高的面条的加工工艺，把小球藻粉、明胶、海藻酸钠、沙蒿胶的添加量作为本次试验的重要的考查因素。其中小球藻粉的质量分数分别为混合粉总质量的 0、0.20%、0.30%、0.50%、0.70%，明胶每次的添加量分别为混粉总质量的 0、0.20%、0.40%、0.60%、0.80%，海藻酸钠每次的添加量分别为混粉总质量的 0、0.05%、0.10%、0.15%、0.20%，沙蒿胶每次的添加量分别为混合粉总质量的 0、0.05%、0.10%、0.15%、0.20%。

1. 正交试验设计

在本试验中假设把小球藻粉添加量记为 A，明胶的添加量记为 B，海藻酸钠的添加量记为 C，沙蒿胶的添加量记为 D。为了得到比较理想的试验配方，本次试验以 A、B、C、D 为 4 个试验因素，通过正交确定球藻面条的最佳生产工艺参数。并进行 4 个因素 4 水平即[$L_{16}(4^5)$]的正交试验。因素水平对照表见表 5.13。

表 5.13　因素水平对照表

水平	小球藻粉的添加量（A）/%	明胶的添加量（B）/%	海藻酸钠的添加量（C）/%	沙蒿胶的添加量（D）/%
1	0.20	0.20	0.05	0.05
2	0.30	0.40	0.10	0.10
3	0.50	0.60	0.15	0.15
4	0.70	0.80	0.20	0.20

正交试验设计及结果见表 5.14。

表 5.14　正交试验设计及结果

处理号	因素					感官评分
	A	B	C	D	E 空列	
1	1	1	1	1	1	72
2	1	2	2	2	2	77
3	1	3	3	3	3	80
4	1	4	4	4	4	85
5	2	1	2	3	4	80
6	2	2	1	4	3	77
7	2	3	4	1	2	86
8	2	4	3	2	1	85
9	3	1	3	4	2	78
10	3	2	4	3	1	77
11	3	3	1	2	4	72
12	3	4	2	1	3	94
13	4	1	4	2	3	69
14	4	2	3	1	4	84
15	4	3	2	4	1	80
16	4	4	1	3	2	79
K_1	298	291	292	328	306	
K_2	316	303	319	291	308	
K_3	309	302	311	300	304	
K_4	300	331	305	308	309	
k_1	74.50	71.75	72.00	81.00	75.50	
k_2	79.00	75.75	79.75	72.75	77.00	
k_3	77.25	75.50	77.75	75.00	76.00	
k_4	75.00	82.75	76.25	77.00	77.25	
R	4.50	11.00	7.75	8.25	1.75	

主体间效应的检验见表 5.15。

表 5.15 主体间效应的检验

	平方和	自由度	均方	F 值	P 值	显著性
校正模型	581.740[a]	12	48.489	17.763	0.018	
截距	9 105.06	1	91 053.06	33 352.95	0	
A	53.187	3	17.386	6.364	0.081	
B	251.687	3	84.229	30.863	0.009	＊＊
C	129.687	3	43.229	15.74	0.024	＊
D	147.177	3	49.061	17.977	0.02	＊
误差	8.288	3	2.729			
总计	91645	16				
校正的总计	589.958	15				

注：a. R^2 = 0.986（调整 R^2 = 0.931）。

＊表示的是在 0.05 水平上显著；＊＊表示的是在 0.01 水平上极显著。

由表 5.13 可知，B 因素（即明胶的添加量）的 R 值是最大的，所以明胶的添加量对本试验结果的影响最为明显，且 4 种因素的添加量对面条的感官品质影响大小的顺序为 $B>D>A>C$。依据方差分析，从 16 个处理中可以比较直观地发现最优的处理组合为 12 号处理，即试验的最优水平为即 $A_3B_4C_2D_1$，面条的感官指标为 94。其中 7 号的处理 $A_2B_4C_2D_1$ 也是比较好的，此时的面条的感官指标是 86。由表 5.14 可知，当明胶的添加量在 0.01 时，在此水平上对小球藻面条的感官评分的影响极明显的。当海藻酸钠的添加量和沙蒿胶的添加量在 0.05 水平上时，两者的添加量对面条的感官评分影响明显，小球藻粉的加入量对面条的感官评分的影响不明显。

2. 验证试验

根据最优的配方进行验证试验,并考虑经济因素，最终选用的配方组合为：小球藻粉的添加量 0.30%、明胶 0.80%、海藻酸钠 0.10%、沙蒿胶 0.10%，用这种配方组合制作的小球藻面条的品质最好。

5.3.8　香辛料与水的比例对小球藻面条品质的影响

1. 添加黄原胶时香辛料与水的比例对小球藻面条品质的影响

（1）添加黄原胶时香辛料与水的比例对小球藻面条蒸煮品质的影响。

添加黄原胶时香辛料与水的比例对小球藻面条蒸煮品质的影响见表 5.16、表 5.17 和图 5.1，试验研究表明，由表 5.16 分析可知，香辛料与水的比例对小球藻面条的最佳蒸煮时间无影响；由表 5.17 分析可知，香辛料与水的比例对小球藻面条的熟断条率无影响；由图 5.1 分析可知，随着香辛料与水的比例的不断增大，小球藻面条的干物质吸水率先增大后减少，其中香辛料与水的比例为 2∶100 时，干物质吸水率最大。

表 5.16　不同香辛料与水的比例对面条最佳蒸煮时间的影响

比例	0	1∶100	2∶100	3∶100	4∶100
时间/min	3.5	3.5	3.5	3.5	3.5

表 5.17　不同香辛料与水的比例对面条熟断条率的影响

比例	0	1∶100	2∶100	3∶100	4∶100
熟断条率/%	10	10	10	10	10

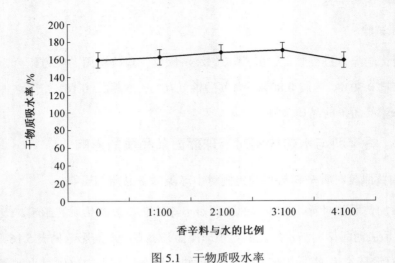

图 5.1　干物质吸水率

（2）添加黄原胶时香辛料与水的比例对小球藻面条感官品质的影响。

添加黄原胶时香辛料与水的比例对小球藻面条感官品质的影响见表 5.18，试验研究表明，由表 5.18 分析可知，当香辛料与水的比例为 2∶100 时，小球藻面条的感官评分最高，感受综合接受度最高；当香辛料与水的比例为 0 时，小球藻面条藻腥味重，风味评分最低；当香辛料与水的比例为 4∶100 时，小球藻面条无藻腥味，但是香辛料味重，因此风味评分也较低，感受综合接受度最低；其他指标即弹性、硬度、黏性和颜色均无明显差别。

表 5.18　小球藻面条的感官评定结果

比例	弹性/分	硬度/分	黏性/分	颜色/分	风味/分	综合接受度/分
0	8.1	7.2	7.4	8.2	4.5	5.7
1∶100	8.25	8.0	7.9	8.1	7.4	7.4
2∶100	8.9	8.0	8.1	9.0	8.7	9.0
3∶100	8.7	8.0	7.8	8.8	6.3	6.8
4∶100	8.6	8.0	8.0	8.7	5.1	4.5

2. 添加谷朊粉时香辛料与水的比例对小球藻面条品质的影响

（1）添加谷朊粉时香辛料与水的比例对小球藻面条蒸煮品质的影响。

添加谷朊粉时香辛料与水的比例对小球藻面条蒸煮品质的影响见表 5.18、表 5.19、图 5.2，试验研究表明，由表 5.19 分析可知，香辛料与水的比例对小球藻面条的最佳蒸煮时间无影响；由表 5.20 分析可知，香辛料与水的比例对小球藻面条的熟断条率无影响；由图 5.2 可知，随着香辛料与水的比例的不断增大，小球藻面条的干物质吸水率先增大后减少，其中香辛料与水的比例为 2：100 时，干物质吸水率最大，但是总体上无显著变化。

表 5.19　不同香辛料与水的比例对面条最佳蒸煮时间的影响

比例	0	1：100	2：100	3：100	4：100
时间/min	4	4	4	4	4

表 5.20　不同香辛料与水的比例对面条熟断条率的影响

比例	0	1：100	2：100	3：100	4：100
熟断条率/%	6	6	6	6	6

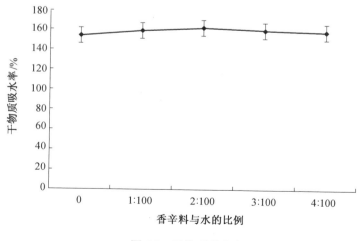

图 5.2　干物质吸水率

（2）添加谷朊粉时香辛料与水的比例对小球藻面条感官品质的影响。

添加谷朊粉时香辛料与水的比例对小球藻面条感官品质的影响见表 5.21，试验研究表明，由表 5.21 分析可知，当香辛料与水的比例为 2：100 时，小球藻面条的感官评分最高，感受综合接受度最高；当香辛料与水的比例为 0 时，小球藻面条藻腥味重，风味评分最低；当香辛料与水的比例为 4：100 时，小球藻面条无藻腥味，但是香辛料味重，因此风味评分也较低，此时感官评定综合接受度最低；其他指标即弹性、硬度、黏性和颜色均无明显差别。

表 5.21　小球藻面条的感官评定结果

比例	弹性/分	硬度/分	黏性/分	颜色/分	风味/分	综合接受度/分
0	8.0	6.2	6.8	8.4	3.9	6.7
1：100	8.2	5.9	7.4	8.7	6.5	7.4
2：100	8.9	6.0	8.1	9.0	8.7	8.8
3：100	8.1	5.7	7.7	8.5	7.3	7.6
4：100	8.0	4.9	6.9	8.2	4.8	5.5

5.3.9　黄原胶添加量对小球藻面条品质的影响

1. 黄原胶添加量对小球藻面条蒸煮品质的影响

黄原胶添加量对小球藻面条蒸煮品质的影响见表 5.22、表 5.23、图 5.3，试验研究表明，由表 5.22 分析可知，随着黄原胶添加量的增加，小球藻面条的最佳蒸煮时间先增大后减少，其中黄原胶添加量为 0.3% 时，最佳蒸煮时间最短；由表 5.23 分析可知，随着黄原胶添加量的增加，小球藻面条的熟断条率先减少后增加，其中黄原胶添加量为 0.3% 时，熟断条率最低，由此可知，黄原胶添加量不是越多越好；由图 5.3 可知，随着黄原胶添加量的增加，小球藻面条的干物质吸水率先增大后减少，其中黄原胶添加量为 0.3% 时，干物质吸水率最小。

表 5.22　黄原胶添加量对面条最佳蒸煮时间的影响

添加量/%	0	0.1	0.2	0.3	0.4	0.5
时间/min	3.5	3.5	3.7	3.1	3.3	3.6

表 5.23　黄原胶添加量对面条熟断条率的影响

添加量/%	0	0.1	0.2	0.3	0.4	0.5
熟断条率/%	25	20	15	10	13	17

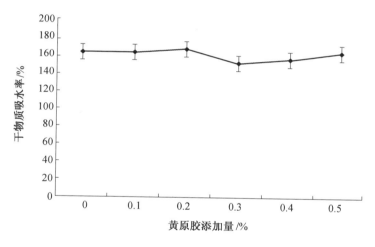

图 5.3　干物质吸水率

2. 黄原胶添加量对小球藻面条感官品质的影响

黄原胶添加量对小球藻面条感官品质的影响见表 5.24，试验研究表明，由表 5.24 分析可知，当黄原胶添加量为 0.3% 时，小球藻面条的感官评分最高，感受综合接受度最高；当黄原胶添加量为 0 时，小球藻面条弹性不足，感受综合接受度最低；当黄原胶添加量超过 0.3% 时，小球藻面条的各项感官指标并未继续增加，因此黄原胶添加量不是越多越好。

表 5.24　小球藻面条的感官评定结果

黄原胶添加量/%	弹性/分	硬度/分	黏性/分	颜色/分	风味/分	综合接受度/分
0	4.7	5.3	4.4	7.5	4.3	5.9
0.1	5.1	6.2	5.8	7.7	7.1	7.0
0.2	7.3	7.1	6.7	7.9	7.8	7.6
0.3	8.9	8.5	8.5	8.4	8.7	8.9
0.4	8.5	7.8	7.6	7.8	5.9	7.2
0.5	8.0	7.7	7.3	7.6	4.6	6.8

3. 黄原胶添加量对小球藻面条质构特性的影响

黄原胶添加量对小球藻面条质构特性的影响见表 5.25，试验研究表明，由表 5.25 可知，随着黄原胶添加量的增大，小球藻面条的硬度、回复性和拉断力均呈现增大的趋势；小球藻面条的弹性在少量添加时变化不明显，但在 0.3% 时达到最大值；小球藻面条的拉伸距离随着黄原胶添加量的增加有所降低。总体来看，黄原胶的加入显著改善了小球藻面条的质构特性，但黄原胶的添加量并不是越多越好。

表 5.25　黄原胶添加量对小球藻面条质构特性的影响

黄原胶添加量/%	TPA 试验				拉伸试验	
	硬度/g	弹性	黏聚性/(g·s)	回复性	拉断力/(g·s)	拉伸距离/mm
0	$3\,518 \pm 200^{a}$	0.75 ± 0.02^{a}	0.56 ± 0.02^{a}	0.23 ± 0.03^{a}	6.00 ± 0.42^{a}	46.48 ± 2.39^{d}
0.1	$3\,922 \pm 103^{b}$	0.75 ± 0.02^{a}	0.55 ± 0.01^{a}	0.24 ± 0.01^{ab}	7.69 ± 0.49^{b}	34.27 ± 2.57^{a}
0.2	$4\,040 \pm 38^{b}$	0.75 ± 0.02^{ab}	0.57 ± 0.01^{a}	0.26 ± 0.01^{bc}	9.23 ± 0.25^{c}	37.50 ± 2.19^{ab}
0.3	$4\,120 \pm 258^{b}$	0.79 ± 0.02^{a}	0.57 ± 0.04^{a}	0.28 ± 0.02^{cd}	9.75 ± 0.61^{c}	43.01 ± 4.24^{bcd}
0.4	$4\,300 \pm 300^{c}$	0.76 ± 0.02^{b}	0.57 ± 0.02^{a}	0.30 ± 0.01^{d}	12.36 ± 0.30^{d}	46.14 ± 2.78^{cd}
0.5	$4\,560 \pm 208^{d}$	0.75 ± 0.01^{ab}	0.59 ± 0.01^{a}	0.32 ± 0.01^{d}	12.39 ± 0.41^{d}	41.45 ± 6.15^{bc}

5.3.10 谷朊粉添加量对小球藻面条品质的影响

1. 谷朊粉添加量对小球藻面条蒸煮品质的影响

谷朊粉添加量对小球藻面条蒸煮品质的影响见表 5.26、表 5.27、图 5.4，试验研究表明，由表 5.26 分析可知，随着谷朊粉添加量的增加，小球藻面条的最佳蒸煮时间先增大后减少，其中谷朊粉添加量为 12%时，最佳蒸煮时间最短；由表 5.27 分析可知，随着谷朊粉添加量的增加，小球藻面条的熟断条率先减少后增加，其中谷朊粉添加量为 12%时，熟断条率最低，由此可知，谷朊粉添加量不是越多越好；由图5.4 可知，随着谷朊粉添加量的增加，小球藻面条的干物质吸水率呈上升趋势。

表 5.26 谷朊粉添加量对面条最佳蒸煮时间的影响

添加量/%	0	4	8	12	16	20
时间/min	3.5	3.5	3.7	3.2	3.4	3.6

表 5.27 谷朊粉添加量对面条熟断条率的影响

添加量/%	0	4	8	12	16	20
熟断条率/%	25	18	16	10	13	15

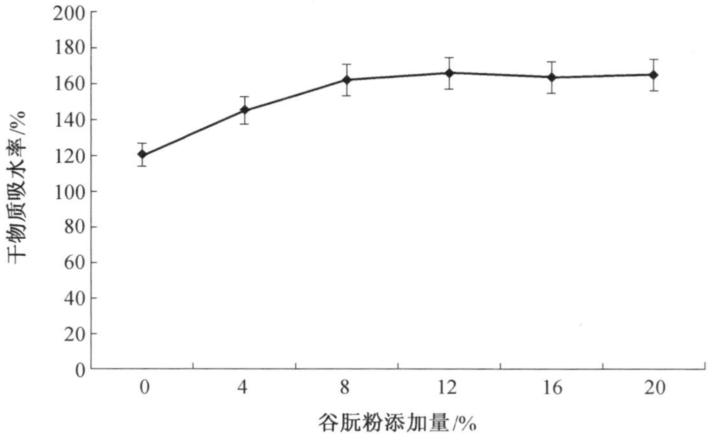

图 5.4 干物质吸水率

2. 谷朊粉添加量对小球藻面条感官品质的影响

谷朊粉添加量对小球藻面条感官品质的影响见表 5.28，试验研究表明，由表 5.28 分析可知，当谷朊粉添加量为 12%时，小球藻面条的感官评分最高，感受综合接受度最高；当谷朊粉添加量为 0 时，小球藻面条弹性不足，当谷朊粉添加量超过 12% 时，小球藻面条的各项感官指标并未继续增加，因此谷朊粉添加量不是越多越好。

表 5.28 谷朊粉添加量对小球藻面条感官品质的影响

添加量/%	弹性/分	硬度/分	黏性/分	颜色/分	风味/分	综合接受度/分
0	4.2	5.3	4.6	7.8	4.9	5.7
4	5.1	6.5	5.4	7.9	7.4	7.5
8	7.4	7.8	6.8	7.9	7.8	7.9
12	8.9	8.2	8.5	8.3	8.6	8.8
16	8.6	7.4	7.3	7.8	5.7	7.4
20	8.3	7.1	7.2	7.7	4.1	7.1

3. 谷朊粉添加量对小球藻面条质构特性的影响

谷朊粉添加量对小球藻面条质构特性的影响见表 5.29，试验研究表明，由表 5.29 可知，随着谷朊粉添加量的增加，小球藻面条的硬度、拉断力和拉伸距离均有显著增加，并在添加量 12%时达到最大值，而小球藻面条的弹性、黏聚性和回复性并没有随谷朊粉添加量的增加有显著变化。由此可推出谷朊粉在小球藻面条中的适宜添加量为 12%。

表 5.29　谷朊粉添加量对小球藻面条质构特性的影响

谷朊粉添加量/%	TPA 试验				拉伸试验	
	硬度/g	弹性	黏聚性/(g·s)	回复性	拉断力/(g·s)	拉伸距离/mm
0	$3\,578\pm200^a$	0.75 ± 0.02^a	0.66 ± 0.02^a	0.33 ± 0.02^a	6.20 ± 0.44^a	47.48 ± 2.39^a
4	$3\,802\pm23^b$	0.73 ± 0.02^a	0.65 ± 0.02^a	0.32 ± 0.00^a	7.10 ± 0.26^{ab}	56.38 ± 4.19^b
8	$4\,045\pm220^c$	0.74 ± 0.12^a	0.67 ± 0.09^a	0.32 ± 0.12^a	7.00 ± 0.29^{ab}	60.04 ± 5.01^{bc}
12	$4\,377\pm164^c$	0.76 ± 0.03^a	0.67 ± 0.02^a	0.32 ± 0.02^a	7.83 ± 0.54^b	74.04 ± 3.16^c
16	$4\,281\pm219^d$	0.75 ± 0.01^a	0.67 ± 0.01^a	0.33 ± 0.00^a	7.43 ± 0.83^c	73.1 ± 6.00^d
20	$4\,153\pm80^d$	0.73 ± 0.02^a	0.67 ± 0.00^a	0.32 ± 0.01^a	7.23 ± 0.93^c	73.20 ± 5.43^d

5.4　本章小结

本试验采用小球藻粉和小麦粉的混合粉作为原料粉来制作面条，研究了不同比例的香辛料汁液和不同改良剂（谷朊粉和黄原胶）的添加量对面条品质的影响。制作小球藻面条时小球藻粉的添加量为 0.3%，食盐的添加量为 1%。该试验结果表明，利用 1∶50 的比例煮成的香辛料汁液代替水来和面不仅可以有效掩盖藻腥味而且不会影响其感官品质；添加 0.3% 的黄原胶能够有效改善面条的质构特性，但对面条的蒸煮品质无显著影响；添加 12% 的谷朊粉可以显著提高面条的硬度和拉伸特性。

（1）按一定的百分比添加小球藻粉来制作面条，由上述数据分析可知随着小球藻粉添加量的不断增加，面团的品质是随之下降的。

（2）通过以上试验可得出，把明胶、沙蒿胶、海藻酸钠这 3 种食品添加剂加入到面条的配料中，均可以使面条的加工特性得到提升，其中蒸煮试验表明添加了明胶的面条的效果是最好的。

（3）本书采用正交试验对小球藻面条的生产加工工艺进行优化，结果表明，小球藻粉的质量分数为小球藻和面粉总质量的 0.3% 时，分别添加 0.80% 的明胶、0.10%

的海藻酸钠、0.10%的沙蒿胶，经过和面、熟化、轧面、切条与干燥等加工过程，可以制得品质较为理想的面条。

第6章 小球藻其他功能产品研究现状

6.1 概　　述

现代食品为要求越来越高的消费者带来了更健康、更便宜和更方便的产品，小球藻是一个巨大的生物资源，代表着新产品和应用前景的来源之一，可以用来提高食品的营养和技术价值。然而，尽管小球藻作为一种重要的新资源食品在人类营养中具有很高的价值，但在面包中加入小球藻的研究却很少。面包作为碳水化合物、蛋白质、膳食纤维、维生素、微量营养素和抗氧化剂的来源，因其味道、多功能性、方便性、质地和外观而受到赞赏。事实上，在面团基质中加入新的配料一直是一个重大的技术挑战。小麦粉独特的烘焙特性主要归因于其面筋蛋白在与水混合时形成黏弹性网络的能力，研究表明，由于面团上存在外源蛋白质，这种网络的削弱是面筋结构被稀释的结果，因此面包体积变小，进而对其他品质属性产生负面影响，如面粉颗粒和嫩度。在用于面包制作的小麦粉面团中添加可溶性膳食纤维（菊粉、果胶和麦芽糊精）也有类似的效果，其中添加纤维对面团流变学和面包质地的负面影响是明显的，应该确定一个临界剂量，使面团流变行为和面包品质得以提高。有研究评价了普通小球藻对小麦面团的影响及其对面包质构和老化动力学的影响，将不同含量的小球藻添加到面粉中，通过粉质仪、泡沫仪和小振幅振荡测量仪测定小球藻对面团流变学特性的影响。制作小球藻添加量相同的小球藻面包，并对其初始质构、随时间变化的质构和外观进行了评价，以确定小球藻的最大添加量，具有潜在的市场应用价值。

饼干被认为是一种方便、营养丰富的零食，深受各年龄段人们的喜爱。在这一部分市场中有一种研究和创新的趋势，即促进在饼干中加入健康成分，如抗氧化剂、维生素、矿物质、蛋白质和纤维。此前有报道在饼干中添加小球藻用来着色，添加小球藻来增强焙烤食品的功能特性。

片剂是个人给药和营养补充剂的流行剂型之一。最新研究集中在开发新的由水果或植物粉末组成的天然产品食品片剂配方，并推荐给消费者。目前，有研究报道了一些天然片剂，如螺旋藻和红枣、火龙果和番石榴混合粉末等为原料的片剂，但是含有小球藻粉的片剂研究较少。

6.2　材料与方法

6.2.1　试验材料

小球藻粉，主要营养成分为蛋白质 60.7 g/100 g、纤维素 12.4 g/100 g、油脂 2.3 g/100 g、碳水化合物 13.8 g/100 g、盐类 0.2 g/100 g、维生素 B12 200 μg/100 g、离子 120 g/100 g、叶绿素 2 183 mg/100 g。商业小麦粉 WF（Espiga T65）为原料，主要营养成分为蛋白质 9.1 g/100 g、灰分 1.6 g/100 g。商业白色结晶蔗糖、海盐、新鲜酵母、SSL-E481-硬脂酰乳酸钠。

小球藻 *A. platensis* 和小球藻 *T. suecica* 在光生物反应器中进行间歇培养，然后通过离心、冷冻、冻干、粉化等方法收获生物量，并在-20 ℃保存。*A. platensis* 生物质在冷冻前用自来水清洗以去除多余的碳酸氢盐，小球藻 *T. suecica* 和 *P. tricornutum* 在培养基中培养。

6.2.2　仪器与设备

面团热处理器，BimbyVorwerk Cloyes-sur-le-Loir，法国；面团混合器，Brabender, Duisburg，德国；面筋拉力测定仪，Chopin Technologies, Villeneuve-La-Garenne，法国；控制应力流变仪，Haake Mars III-Thermo Scientific, Karlsruhe，德国；粉质仪，

TA-XTplus 质构仪，Stable MicroSystems, Surrey，英国；食品加工机，德国；美能达 CR-400 色度计，日本；质构仪 TA. XTplus，英国；HygroPalm HP23-水分活度仪，瑞士；自动水分分析仪 PMB 202，英国；托盘真空炉，Gallenkamp，英国；实验室自动水分测定仪，Novasina AG，瑞士；Stampf 容积计 STAV 2003, J. Engelsmann AG, Luwigshafen，德国；压片机，FETTE E1 Schwarzenbek D-2053，德国；高剪切混合造粒机，Procept 4M8，比利时；脆碎度测试仪，Erweka TA 40，德国；硬度计，Erweka TBH 30 MD，德国；崩解仪，Erweka ZT 31，德国。

6.2.3　试验方法

1. 小球藻面包

（1）面团的准备。

对照组面团为未添加小球藻粉的面团。按照以下配方进行准备，根据初步的淀粉测定记录仪测试的数量确定每 100 g 面团使用以下成分：59.3 g 的小麦粉、1.0 g 的盐、0.3 g 的硬脂酰乳酸钠、2.35 g 的新鲜酵母、0.6 g 的糖和 36.45 g 的水。

含有小球藻粉的面团小球藻粉的含量设置为：1.0 g/100 g、2.0 g/100 g、3.0 g/100 g、4.0 g/100 g 和 5.0 g/100 g 小面粉。和对照组面团一样，根据淀粉测定记录仪的测量值对水分进行了调整。

将固体配料成分与水混合，设置了 6 种配方，面包面团的制备是在热处理器中进行的，面包制备的具体步骤如下：首先，新鲜酵母在处理器杯的温水中被活化，静置 30 s。其余固体成分均质 60 s，揉制 120 s。将面团放入一个长方形的面包容器中，在电炉中在 37 ℃（最佳酵母活性时间和温度是由之前试验优化得到的参数）下发酵 60 min。然后，面包在 160 ℃的烤箱中烘烤 30 min。冷却后，面包存放在塑料袋中，室温下，放在避光的橱柜中。

（2）面团的流变学特性测定。

面团的粉质特性的测定参考国际方法，各参数的测定均在淀粉测定记录仪中测定，配制有 300 g 的混合器。测定参数有：吸水率、面团形成时间或者达到最大一致性的时间、稳定性、软化度（面团形成过程中，不同时间点时的软化程度）。对每个样品进行 3 次测量。

面筋拉力的测定参考国际方法，用计算机软件程序自动记录面筋拉力仪参数：P-韧性或抗伸展性（面筋拉力曲线图中峰值表示韧性和延展性之间的平衡）。对每个样品进行 5 次测量。

利用可控应力流变仪对面团在发酵过程中的黏弹性行为进行研究，使用锯齿形平行板传感器系统和板之间的间隙来克服滑移效应，之前对间隙进行研究，将间隙固定在 2 mm，以减少发酵过程中正常应力的干扰。

在流变仪平板上进行面团原位发酵，以评价小球藻添加量对发酵时间的影响，为评价添加小球藻对面团结构和发酵后面团演化的影响，在 0.001～10.0 Hz 的频率范围内，在每个样品的线性黏弹性区域内测量恒定剪切应力下的储藏模量和损耗模量，以评价添加小球藻对面团结构和发酵后面团演化的影响，所有的测定都至少重复两次。

（3）面包质构表征。

使用质构仪 TA-XTplus 对面包进行质构表征，在渗透模式下应用质构轮廓分析（TPA），它包括以模仿下巴动作的往复运动将一块食物压缩两次。将每个面包样品切成 20 mm 高的 120 mm×100 mm 矩形片，并在测试前静置 15 min。直径为 10 mm 的丙烯酸圆柱探针以 1 mm/s 的十字头速度刺穿样品 5 mm，测力传感器为 5 kg。在硬度方面对不同普通小球藻含量的面包质地进行比较。硬度被认为是探针穿透的最大阻力，并进行储存期间硬度的评估，将面包的老化动力学描述为生物质掺入的函数。为讨论面包质构的变化，同时测定面包水分。

（4）统计分析。

利用平均值、标准偏差对试验结果进行描述，通过单因素方差分析 0.05 水平和多重比较进行统计分析。

2. 小球藻饼干

（1）饼干的制备。

饼干制备是根据之前优化配方，使用小麦粉、糖、发酵粉、人造黄油和小球藻，见表 6.1，同时制备了一种不含小球藻的对照，并进行了进一步的分析。每批 150 g，每批大约有 10 个饼干。原料在食品加工机中揉捏 15 s，然后将饼干制成直径 46.5 mm、高度 5 mm 的圆形，在 110 ℃下烘烤 40 min。冷却后，样品饼干在室温下保存在密封容器中，避光，储存 24 h 和 8 周后进行颜色、质构和水分活度分析。一些饼干使用电磨机粉碎成粉末，并冷冻用于化学成分、抗氧化能力和体外消化率分析。

表 6.1　饼干配方（质量分数）　　　　　　　　　　　　　%

原料	F1（对照）	F2	F3
	g/100 g	g/100 g	g/100 g
面粉	49	47	43
糖	20	20	20
人造黄油	20	20	20
水	10	10	10
发酵粉	1	1	1
微藻	0	2	6

注：F1 为对照曲奇配方；F2 为 2%藻类曲奇配方；F3 为 6%藻类饼干配方。

（2）饼干特性分析。

①饼干颜色：饼干样品的颜色使用美能达 CR-400 色度仪测量，标准光源 D65，视角为 2°，结果用 L^* 表示，即亮度（值从 0 增加到 100%）；a^*，红色到绿色（分别为 60 到-60 的正负值）；b^*，黄色到蓝色（分别为 60～-60 的正负值）。在 8 周储存时间内饼干样品之间的总色差以及生和熟样品之间的总色差，根据

$$\Delta E^* = [(\Delta L^*)^2 + (\Delta a^*)^2 + (\Delta b^*)^2]^{\frac{1}{2}}$$

来确定。同一光照条件下进行测量，在室温人工荧光灯下，每个样品重复 10 次，对照组在制备后 24 h 和 8 周重复测量。

②饼干的质构分析：用质构仪测量饼干的质构，在穿透模式下，采用直径 2 mm 的圆柱形铝探针，以 1 mm/s 的速度插入 3 mm。抗渗透性或硬度通过力与时间曲线下的总面积来测量，每个样品重复 10 次，对照组在制备后 24 h 和 8 周重复测量。

③饼干的水分活度测定：饼干的水分活度使用水分活度仪在（20±1）℃下测定。每个样品（粉碎粉末）重复测量 4 次，对照组在制备后 24 h 和 8 周重复测量。

④饼干基础理化指标测定：饼干水分含量使用自动水分分析仪在 130° 条件下，使用质量法测定饼干的水分含量，直到质量不变。

总灰分由马弗炉在 550 ℃下焚烧的质量法测定。

粗蛋白质根据烘焙产品的标准方法测定，将测定的总氮含量乘以换算系数 5.7，得到饼干粗蛋白质含量。

饼干粗脂肪含量按照谷物和衍生产品粗脂肪测定方法进行测定。用盐酸、乙醇和甲酸水解脂类、蛋白质和碳水化合物之间的键，然后用正己烷在索氏萃取器中过滤和萃取 6 h，溶剂蒸发后在回转式蒸发器和烘箱中烘干。

⑤藻清蛋白、酚类及抗氧化能力测定：*A.platensis* 饼干和面团样品中藻清蛋白采用磷酸盐缓冲液低温条件下提取水溶性色素，并使用 620 nm 和 650 nm 分光光度定量。

总酚含量测定采用福林酚法，结果通过没食子酸的校准曲线在干微藻生物量和饼干中的没食子酸当量中表达。

采用直接淬火法评估饼干和小球藻样品的抗氧化能力，采用铁还原抗氧化能力作为定量方法。两种空白法，一种不含样品，另一种不含试剂。在饼干制备后进行，重复 3 次。

⑥体外消化率试验。饼干和小球藻生物量体外消化率测定方法：称量微藻生物量和饼干样品，转移到 250 mL 锥形烧瓶中。在每个烧瓶中加入磷酸盐缓冲液（25 mL、0.1 mol/L、pH=6.0）并混合，然后加入盐酸（10 mL、0.2 mol/L）并调整 pH 至 2.0。

新鲜制备的胃蛋白酶水溶液（3 mL、添加 30 mg 猪胃蛋白酶）。在 39 ℃恒温 6 h，持续搅拌（150 r/min）。然后，在每个样品中加入磷酸盐缓冲液（10 mL、0.2 mol/L、pH=6.8）和 NaOH 溶液（5 mL、0.6 mol/L），调整 pH 为 6.8。在每个样品中加入新鲜制备的胰酶乙醇，水溶液（10 mL，体积比 50∶50），其中含有 500 mg 猪胰酶。在 39 ℃、150 r/min 下再次孵育 18 h，未消化残渣在 18 000×g 离心 30 min 后，用去离子水清洗，此过程重复两次，最终上清液在玻璃纤维膜上过滤。颗粒和膜在 80 ℃下干燥 6 h，然后在 45 ℃下干燥至恒重。体外消化率（%）由初始生物量和未消化生物量（经过空白试验校正后）的差值除以初始生物量并乘以 100 计算得出，分析重复 3 次。

⑦感官分析：对含有 *C. vulgaris* 和 *A. platensis*（2%和 6%）的饼干进行感官分析。一个未经训练的小组由 41 人组成，9 男 32 女，年龄在 18～60 岁之间，从颜色、气味、味道、质地和整体评价（从"非常愉快"到"非常不愉快"的 6 个等级）来评估饼干。购买意愿也被评估，从"肯定购买"到"肯定不购买"（5 个等级），检测在标准化的感官分析室进行。

⑧数据分析：通过方差分析（单因素方差分析），比较在 95%的显著水平（$P<0.05$），进行统计分析。所有结果均以平均值±标准偏差表示。

3. 小球藻片剂

（1）片剂配方。

片剂是用压片机以每分钟约 60 片的速度制作。该机器配备了一个圆形冲床和模具，并将设置调整为恒定的压力负载。进行一系列初步试验，以确定每种粉末（仙人掌或小球藻）的压片性能，结果发现，单独使用仙人掌不能形成稳定的片剂。因此，采用湿法制粒的方法在粉剂中进行压片。对仙人掌和小球藻粉的混合范围进行了研究，分别选择仙人掌和小球藻粉的比例为 7∶3。

湿法制粒过程使用配备有 4 L 容器容量的高剪切混合造粒机、切碎机、叶轮和流量控制器进行。

每批含 350 g 混合粉，其中仙人掌 70%、小球藻 30%（质量分数）。

黏结剂液体为蒸馏水，并且观察到用于试验装置中水的质量分数低于 20%。湿法制粒后，在 60 ℃的托盘真空炉中干燥 12 h，干燥后的颗粒含水率均小于 6%。使用研磨机研磨颗粒，以获得平均粒度为小于 450 μm 的粉末。随后，每批筛分除去任何直径小于 150 μm 的颗粒，以获得均匀的粒度分布。质量得率在 90%左右。

（2）试验设计。

正交试验设计是由正交表定义的分数因子进行设计。正交表有两个主要属性，每列包含该变量的所有水平且设置相同次数，并且每对两列包含这两个变量设置的所有可能组合。这种方法已经成为现代工业处理中的一个非常重要的工具，因为它应用了具有最高效率和最小试验要求的统计设计，而且它不需要对试验数据拟合数学模型。选择 L-9 阵列（可在 3 个不同水平上分析最多 4 个因素）来分析造粒参数对片剂原料特性和配伍的影响。

这些变量是：①造粒机的叶轮速度（50 r/min、100 r/min 和 150 r/min）；②造粒机的切碎机速度（500 r/min、700 r/min 和 900 r/min）；③润湿速度（10 mL/min、12 mL/min 和 14 mL/min）；④混合时间（2 min、4 min 和 6 min）。

可控高剪切湿法制粒工艺的试验设计见表 6.2。这一组数据的结果是 4 个变量 3 个水平的 81 个可能组合中最好的，虽然可能不会达到绝对最优，但它满足于提供集成的流程改进和性能一致性。

用方差分析确定各因素的贡献和统计学意义。根据抗拉强度的响应（越大越好）确定最佳水平，并在这些最佳水平下对该响应以及其他片剂的性能进行评估。为验证优化过程，在最佳设置下进行验证试验运行。

表 6.2 可控高剪切湿法制粒工艺的试验设计

运行	叶轮转速/(r·min⁻¹)	切碎机速度/(r·min⁻¹)	润湿速度/(mL·min⁻¹)	混合时间/min
1	50	500	12	4
2	50	700	14	6
3	50	900	10	2
4	100	500	14	2
5	100	700	10	4
6	100	900	12	6
7	150	500	10	6
8	150	700	12	2
9	150	900	14	4

（3）片剂的物理机械性能。

使用脆碎度测试仪对每种配方的 20 片片剂进行脆碎度测定，使用硬度计测定每个配方 20 片的压碎强度，利用崩解仪对每种配方的 6 片片剂的崩解时间进行评估，崩解时间为 6 片完全崩解的时间。圆柱形凸面压块的抗拉强度按照下式计算：

$$\sigma_t = \frac{10P}{\pi D^2 \left(2.84\dfrac{t}{D} - 0.126\dfrac{t}{W} + 3.15\dfrac{W}{D} + 0.01\right)}$$

式中，σ_t 为片剂的抗拉强度；P 为断裂载荷，N；D 为直径；t 为厚度；W 为壁高。

如图 6.1 显示了所分析片剂的几何形状。

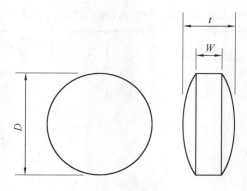

图 6.1　片剂形状和尺寸

6.3　结果与分析

6.3.1　小球藻对面包性质的影响

1. 小球藻含量对粉质特性的影响

添加小球藻对小麦粉面团粉质特征的影响如图 6.2 所示。

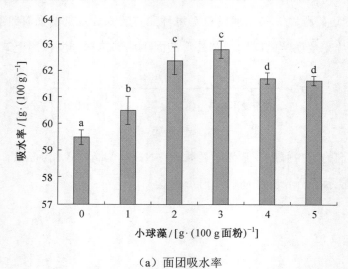

（a）面团吸水率

图 6.2　添加普通小球藻对小麦面团粉质特性的影响

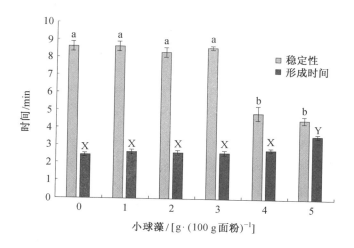

（b）面团形成所需时间（DDT）和面团稳定性

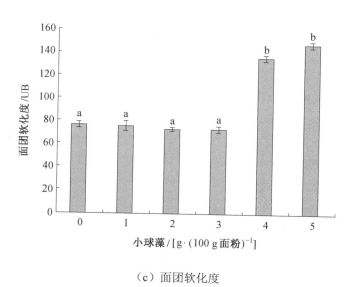

（c）面团软化度

续图 6.2

由于小球藻蛋白质的存在，面团吸水率首先稳步增加，进一步添加小球藻可略微降低吸水率。以上结果表明，小球藻蛋白和面筋蛋白在达到一定水平时，需要更多的水才能达到标准面团稠度。在小麦粉中加入植物蛋白或其他蛋白质来源（浓缩蛋白或分离蛋白）会增加吸水率，这归因于这些蛋白质的吸水能力，以及它们与面团系统中的其他成分争夺水分的能力，导致面团的粉质仪吸水率增加。加水量对面团材料的分布、水化作用和面筋蛋白网络的发展以及提高产量都有重要的影响。小球藻添加达到一定量时，面团发育所需的时间几乎不变，小球藻浓度越高，面团发育所需的时间略微增加。当添加小球藻时，面团稳定性指数显著（$P < 0.05$）衰减到初始值（从 8.7～4.6）的一半左右。这意味着，从加入小球藻开始，小麦面团的结构以某种方式被破坏，这导致较低的面团强度和面包体积，对面包的质量属性产生负面影响，例如面包屑颗粒上的气泡较少。面团软化度显示了和以上相同的结果，即当增加小球藻添加量时，面团软化度突然增加（$P < 0.05$）至初始值的两倍。

使用来自粉质分析的吸水值，配制具有 0～5.0 g/100 g 小麦面粉的不同小球藻浓度的小麦面粉面团进行烘烤，所得面包如图 6.3 所示。小球藻的添加对面包体积、面包屑的泡状结构和面包皮颜色的影响是显著的。与对照面包相比，小球藻面包内部结构显示气室大小增加，表明小球藻的掺入扰乱了面团内部结构。由添加小球藻引起的重要特征可归因于面团稳定性的降低，这是由于面筋基质的稀释作用和过量小球藻颗粒的相分离，可能会破坏面筋网络。同样需要注意的是，小球藻的加入为面包带入一种海洋味道，浓度越高味道越强烈。

（a）每种面粉混合物对照面包（无小球藻）和用 1、2、3、4 和 5 g/100 g 小球藻

图 6.3 不同浓度的小球藻对面包面团体积的影响

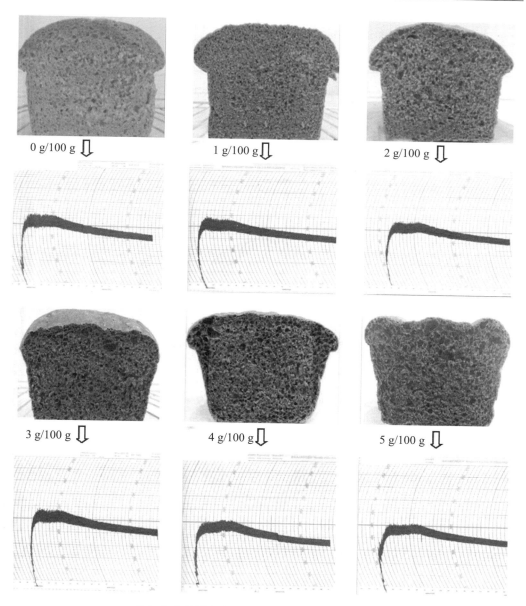

（b）生产的面包和通过粉质仪分析获得的粉质图

续图 6.3

2. 小球藻对面包面筋拉力特性的影响

添加小球藻对面团面筋拉力测定仪参数的影响如图6.4所示。抗变形韧性（P）是面团保持气体能力的预测指标。由图6.4可知，该参数随小球藻添加量的增加而降低，1 g/100 g 小球藻的添加量与对照相似，2 g/100 g 和 3 g/100 g 小球藻添加量略有降低。对延伸率（L）有相反的影响，它是反映面团处理特性的指标，随着小球藻的添加，延伸率大大增加，几乎是对照面团延伸率的两倍。小麦蛋白质包括白蛋白、球蛋白、醇溶蛋白和谷蛋白，但只有最后两种蛋白参与形成连续的黏弹性网络，即谷蛋白网络。谷蛋白聚合物链为面团的发展提供了强度和弹性，而球状蛋白，如麦胶蛋白，有助于面团的黏度。麦胶蛋白通过非共价疏水相互作用和氢键与谷蛋白聚合物相互作用，对面包制作过程至关重要。在小麦粉中加入小球藻似乎有利于麦胶蛋白的作用，使面团更容易伸长（L），如图6.4（a）所示。相比之下，它似乎对谷蛋白的作用有不利影响，研究证实当小球藻添加量超过 3 g/100 g 时，面团的韧性（P）显著降低。因此，可以认为小球藻蛋白干扰了面团的面筋基质。

由于小球藻对面团阻力和面团延展力的作用，所有面团的 P/L 比（反映小麦粉面团弹性阻力和延展力平衡的信息）都降低了（图6.4），这与先前在酵母发酵面包中加入大豆蛋白观察到的结果类似。烘焙的理想 P/L 比率在 0.5～1.20 之间。对照面团的 P/L 比为1.04，属于均衡面粉，适合制作面包。根据得到的结果（图6.4（b）），在 P/L 范围内的混合面粉为 1 g/100 g、2 g/100 g 和 3 g/100 g 小球藻。在 3 g /100 g 小球藻以上的混合物，P/L 比降低，不适合面包制作。然而，这些混合物可以用于其他更高价值的应用，如曲奇饼和松饼。

图6.4（b）中 P/L 比：0 g/100 g 小球藻；1 g/100 g 小球藻；2 g/100 g 小球藻；3 g/100 g 小球藻；4 g/100 g 小球藻；5 g/100 g 小球藻；黑色横条表示面包制作的损益范围。不同的字母表示统计学上不同的值（$P < 0.05$）。

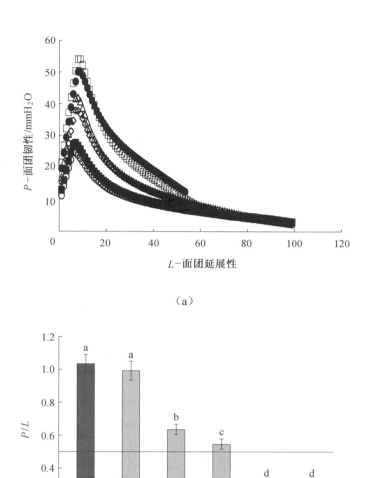

（a）

（b）

图 6.4　添加小球藻对小麦粉面团面筋拉力测定仪参数的影响

3. 含小球藻面团的发酵特性

利用可控应力流变仪监测面团在发酵过程中的黏弹特性变化，跟踪储能模量的变化（G'）。从图 6.5（a）中可以看出，在 3 600 s 之前，所有被测面团的 G' 都有相当大的下降。在此之后，黏弹性参数在所有情况下几乎保持不变。第一阶段约 1 h，相当于较高的发酵活性，CO_2 的产生对面团结构产生影响，并由于 CO_2 气泡的生长引起面团变形。下一阶段，发酵过程达到稳定状态。从这些结果也可以看出，Cv（小球藻）的添加对发酵动力学和发酵所需的时间没有明显的影响。

采用原位流变仪对发酵后的面团进行扫频，以评估 Cv 添加量对发酵后面团结构的影响。图 6.5（b）和图 6.5（c）所示的机械光谱表明，根据 Cv 含量的不同，微藻对面团特性有不同的影响。

（1）当小球藻添加量到 3 g/100 g 时，具有较高的 G' 值，表明面团结构发生了有强化作用，可能是因添加了高蛋白含量的微藻从而增强了蛋白质基质。

（2）当小球藻添加量大于 3 g/100 g 时，微藻的强化作用被破坏作用所取代，这可能是由于添加的生物量相分离，破坏了面筋基质。

获得的所有结果，即从粉质仪、面筋拉力测定仪和可控应力流变仪得出的结果是一致的，可以提出一个依赖于微藻浓度的蛋白质网络模型：根据膨胀网络模型，在小球藻添加量 3 g/100 g 时，黏弹性参数增加，这可以归因于小球藻颗粒均匀分布在面筋基质中的黏弹性蛋白质网络的增强。

小球藻添加量超过 3 g/100 g 时，对面团结构特性的影响可归因于耗散絮凝或相分离现象，其中颗粒相互分离，相分离在面团网络结构中具有拮抗作用。

图 6.5（a）所示为面团在发酵过程中储存模量（G'）的变化：0 g/100 g WF、1 g/100 g WF、2 g/100 g WF、3 g/100 g WF、4 g/100 g WF、5 g/100 g WF；图 6.5（b）比较了添加 1 g、2 g 和 3 g 小球藻/100 g 小麦面粉与对照组（无 Cv）在 5 ℃时的机械光谱–发酵后测量的储存（G' 象征存满）和损耗（G'–象征耗完）模量的变化：0 g/100 g WF、1 g/ 100 g WF、2 g/100 g WF、3 g/100 g WF；图 6.5（c）将对照组与添加 4 g 和 5 g 小球藻/100 g 小麦面粉进行比较：4 g /100 g WF、5 g/100 g WF。

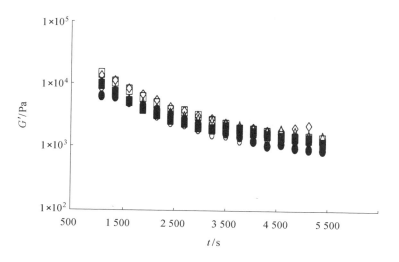

（a）面团在发酵过程中储存模量（G'）的变化

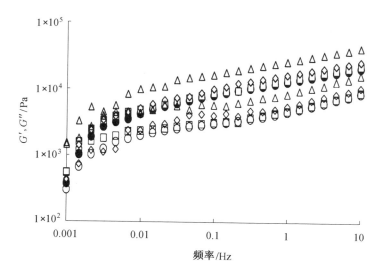

（b）在 5 ℃时的机械光谱-发酵后测量的储存和损耗模量的变化

图 6.5　跟踪储能模量的变化（G'）

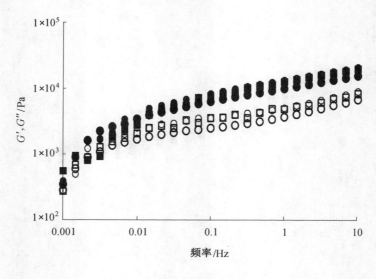

（c）对照组与添加组的比较

续图6.5

4. 小球藻粉对面包质构与老化动力学的影响

通过质构剖面分析（TPA）对不同含量小球藻面包的质构进行了评价，验证了硬度是有效区分不同配方的参数，因为其他 TPA 参数不能区分不同配方，所有样品之间没有显著差异。此外，还对面包在储藏期间（72 h）的硬度进行了评价，以观察添加微藻对面包老化动力学的影响（图6.6）。从图6.6可以观察到，对于所有的微藻含量，根据线性方程（$R>0.9$），与面包在储藏时间的硬度之间存在正的线性关系：

$$坚固性=A×时间+B$$

式中，A 为老化速度；B 为初始硬度。

可以注意到，在时间为零的情况下，初始硬度（B）不受微藻浓度的显著影响（$P>0.05$）。但结果与面团吸水率相反，即吸水量越大，面团硬度越低。在面包水分方面，当小球藻含量从 2 g/100 g 增加到 4 g/100 g 时，面包水分显著增加（$P<0.05$）：

37~46 g/100 g 面包。然而，面包老化速度（*A*）随 Cv 含量的增加而显著增加，从 0.089 4（N/h）增加到 0.176 1（N/h），提高了 97%。而小球藻添加量 1 g/100 g 和 2.0 g/100 g 的老化速度变化不大。这种行为对商业生产有重要的影响，通过系统中水分分布的变化来解释。在小球藻添加量 4 g/100 g 和 5 g/100 g 时，观察到添加小球藻后吸水率显著增加，小球藻组分对吸水率的竞争应该会在短时间内加速面包的老化，表现为硬度的增加。

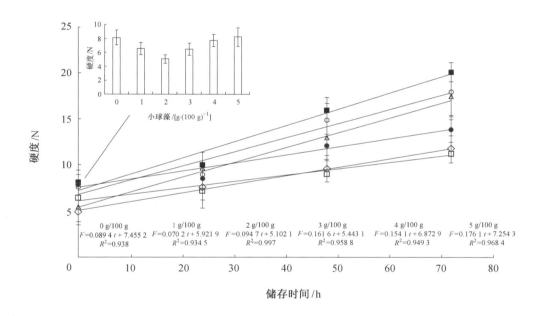

图 6.6　不同小球藻添加量的小麦粉面包的硬度（N）随时间的变化以及各自的线性方程

6.3.2　小球藻对饼干性质的影响

含有小球藻的饼干呈现出视觉上吸引人的和不寻常的外观，创新的绿色色调因使用的小球藻不同而改变，从蓝绿色（*A. platensis*）到棕绿色（*P. tricornutum*）（图 6.7）。小球藻饼干的平均直径为（46.8±0.5）mm，平均厚度为（7.5±0.3）mm，对照饼干的尺寸略高（直径为（47.9±1.5）mm，厚度为（8.3±0.5）mm）。

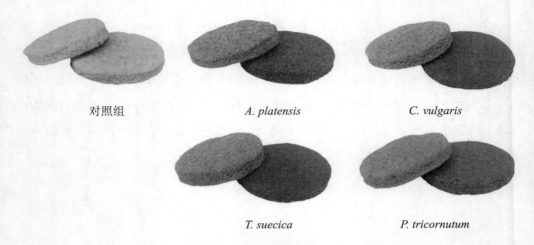

对照组   *A. platensis*   *C. vulgaris*

T. suecica   *P. tricornutum*

图 6.7   添加质量分数为 2%和 6%小球藻饼干和对照组饼干

1. 颜色稳定性

饼干颜色参数亮度（L^*）、绿色（a^*）、黄色（b^*）、色度（C^*）、色度（$h°$）的结果如图 6.8 所示。亮度参数 $L*$，随着藻类浓度的增加，光度降低。

小球藻浓度的增加还导致颜色参数 a^* 和 b^* 的降低，从而降低了色度（C^*），而每个样品的色调实际上保持不变（100°～120°，在黄色和绿色之间，取决于样品）。

这些结果似乎有些出乎意料，含有 6%藻类的饼干似乎有更强烈的绿色。在以前的研究中，当小球藻质量分数从 0.5%增加到 3.0%时，a^* 和 b^* 参数降低。这种效应可能与在一定藻类浓度以上，通过烘烤过程或颜料饱和效应，色素降解程度更高有关。

含有 2%的 *C. vulgaris* 和 *T. suecica* 饼干的 a^* 值（模量）最高，b^* 值居中（22.8～25.3），这与叶绿素含量高的叶绿素的特征是一致的。*A. platensis* 饼干呈现与叶绿素饼干相似的趋势，但强度较低（a^* 和 b^* 值，模量较低），反映了藻类普遍存在较低的叶绿素和类胡萝卜素含量。另外，*P. tricornutum* 饼干呈现低的 a^* 值和最高的 b^* 值，导致色相角度为 100°，更接近黄色（90°）而不是绿色（180°）。这些结果与岩藻黄质出现类似，是一种类胡萝卜素，通常在这种海洋硅藻中高浓度存在。

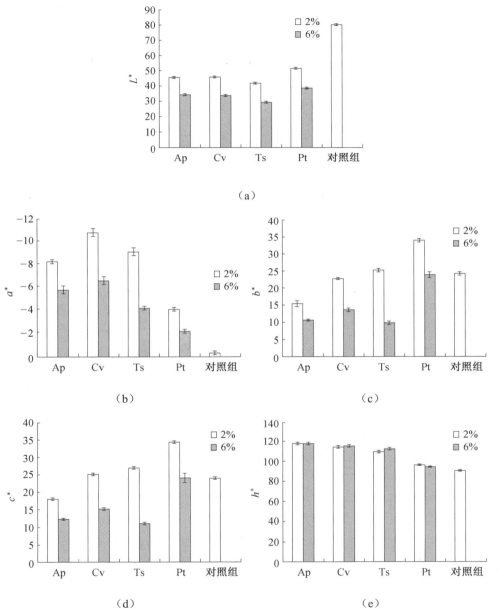

图 6.8　饼干颜色参数亮度（L^*）、绿色（a^*）、黄色（b^*）、色度（C^*）、色度（$h°$）的结果（Ap—*A. platensis*；Cv—*C. vulgaris*；Ts—*T. suecica*；Pt—*P. tricornutum*。结果表示为平均值±标准偏差（$n=10$））

表 6.3 显示了烘烤和生（生面团）饼干样品的总颜色差异（ΔE^*）。小球藻饼干烘烤后颜色差异显著（$\Delta E^* = 19\sim24$）。这些差异主要是由于一般的光度增加（可能与水分蒸发有关）和色度角的加重和色度降低（结果未显示），这应该与烘烤时的色素损失有关。

通过计算各样品相对于 0 周的总色差随时间的变化，得到表 6.3 颜色稳定性随保存时间的变化。在所有情况下 ΔE^* 都低于 5，这意味着饼干的颜色差异不会被正常人的视觉检测到。因此，可以得出结论，开发出的饼干在 8 周的储存期间呈现稳定的颜色。

表 6.3　煮熟和生饼干样品之间的总颜色变化（ΔE^*）和保存时间的颜色稳定性

总色差（ΔE^*）		生与熟	第 1 周	第 2 周	第 3 周	第 4 周	第 8 周
对照组		7.63	0.84	0.86	1.23	1.55	1.89
A. platensis	2%	16.01	0.60	0.66	1.16	1.63	1.86
	6%	15.58	0.73	0.89	0.94	0.94	0.77
C. vulgaris	2%	11.22	0.70	1.17	0.96	0.74	1.12
	6%	12.58	0.75	1.26	1.11	1.32	3.13
T. suecica	2%	15.93	1.02	1.73	2.43	2.49	2.78
	6%	10.85	1.83	2.12	2.40	3.80	4.69
P. tricornutum	2%	18.97	1.50	2.03	2.48	2.37	4.19
	6%	23.63	1.31	2.57	2.37	3.35	5.42

2. 质构稳定性

通过渗透试验评估饼干的质构，从质构图中计算得到的硬度，以抗渗透功表示，如图 6.9 所示。

在最初的研究（第 0 周），添加 2%（不同藻类）的饼干和对照组无显著差异（$P > 0.05$），这意味着增加 2%的生物质不改变饼干结构，不改变电阻探针穿透。小球藻质量分数为 2%~6%时，饼干硬度显著增加（$P < 0.05$）。添加 6% *C. vulgaris*

和 *T. suecica* 的饼干硬度分别为 24~29 N·s 和 37~38 N·s，*P. tricornutum* 硬度分别为 50 N·s 和 63 N·s。

上述结果证实了之前用相同小球藻进行吸水试验的结果，其吸水指数和吸油能力显著高于小麦粉，这可能与这些藻类细胞壁的不同性质（分别为肽聚糖、二氧化硅和纤维素/半纤维素）有关。有可能是在曲奇面团中加入小球藻后，吸收了更多的水分和油脂，增强了曲奇的内部结构。这些数据表明，增加含水量或减少面粉含量有可能使饼干具有与对照饼干相同的质地特性。

这些结果也与之前的研究一致，即质量分数在 0.5%~3.0% 之间，观察到普通 *C. vulgaris* 和 *I. galbana* 饼干硬度线性增加，将 *A. platensis* 的质量分数从 1.6% 增加到 8.4%，对高粱面饼的硬度有积极的影响。小球藻的"变形"或"结构"效应也应用在其他类型的食品中，如含有 *A. maxima* 和 *C. vulgaris* 的新鲜意大利面。

饼干硬度随时间的变化也可以从图 6.9 中看出。储藏 8 周后，除 *A. platensis* 外，其余曲奇硬度均无显著变化（$P > 0.05$）。

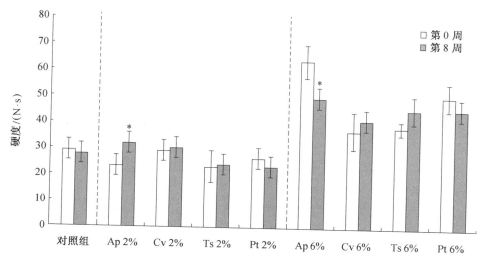

图 6.9　从质构图中计算得到的硬度

（结果表示为平均值±标准偏差（$n=10$），标有*的样本在第 0~8 周显示出显著（$P < 0.05$）差异）

3. 水分活度

水分活度是保存低水分饼干的一个重要物理参数，特别是对于维持脆脆的质地。当水分活度低于 0.5 时，不发生微生物增殖。脂质氧化反应，可以在高水分活度时增加反应物分子运动。在含脂肪的食物（例如含有 3%～5%水分和 20%脂肪的饼干）中，较低的水分含量有助于快速氧化，因为底物和反应物变得更浓。

图 6.10 所示为小球藻饼干储藏 8 周的水分活度结果。对照组饼干的水分活度平均值为 0.29，与时间无显著差异（$P < 0.05$）。小球藻饼干呈现出更多关于水分活度的可变行为，水分活度有随时间增加的趋势。总体来说，对于所有样品，水分活度都低于 0.5，在储存 8 周后，这些水分活度的变化并没有促进质构稳定性的任何显著变化（图 6.10）。

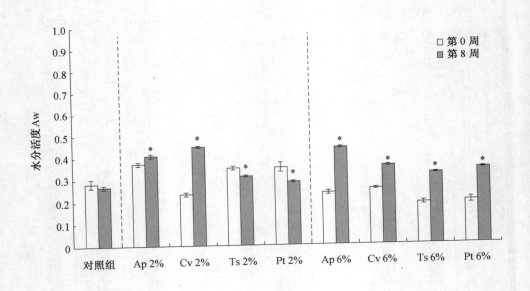

图 6.10　小球藻饼干储藏 8 周的水分活度结果
（结果表示为平均值±标准偏差（$n=4$））

4. 基础理化指标

表 6.4 给出了小球藻生物质掺入制备的饼干的近似化学成分。所有饼干的水分值从 3.2%到 5.0%不等，这是这类干燥食品的典型特征。小球藻添加后饼干灰分质量分数（2.3%～3.2%）和粗脂肪质量分数（16.1%～16.9%）均无显著变化（$P < 0.05$）。

小球藻加入饼干所引起的主要化学成分变化与蛋白质有关（表 6.4）。小球藻饼干的蛋白质质量分数始终高于对照饼干（4.9%）。添加 2%小球藻饼干的蛋白质质量分数为 5.1%～6.1%，添加 6%小球藻饼干的蛋白质质量分数为 6.6%～8.0%。蛋白质质量分数最高的是 *A. platensis* 和 *C. vulgaris*，质量分数在 8%左右。此外，将 *A. platensis* 的质量分数增加到 6%时，与对照饼干相比，蛋白质含量增加 59%。

表 6.4　小球藻生物质掺入制备的饼干的近似化学成分

理化指标		水分/ [g·(100 g)$^{-1}$]	总灰分/ [g·(100 g)$^{-1}$]	粗脂肪/ [g·(100 g)$^{-1}$]	粗蛋白质/ [g·(100 g)$^{-1}$]	碳水化合物[*]/ [g·(100 g)$^{-1}$]	能量值/ [kcal·(100 g)$^{-1}$]
对照		3.8±0.2^{ab}	2.7±0.2^a	16.1±0.1^a	4.9±0.5^a	72.6	454
A. platensis	2%	3.8±0.1^{ab}	2.6±0.4^a	16.1±0.5^a	6.1±0.2^{abc}	71.4	455
	6%	5.0±0.2^d	2.3±0.1^a	16.1±0.1^a	7.8±0.3^{de}	68.7	451
C. vulgaris	2%	3.2±0.1^a	2.3±0.1^a	16.3±0.2^a	5.9±0.5^{abc}	72.4	460
	6%	4.8±0.3^{cd}	2.6±0.1^a	16.9±0.4^a	8.0±0.6^e	67.7	455
T. suecica	2%	3.4±0.2^{ab}	2.4±0.2^a	16.1±0.1^a	5.2±0.1^a	73.0	457
	6%	3.3±0.1^a	3.2±0.1^a	16.3±0.4^a	6.9±0.4^{cd}	70.4	456
P. tricornutum	2%	3.9±0.1^{ab}	2.3±0.2^a	16.1±0.1^a	5.1±0.2^{ab}	72.6	456
	6%	4.3±0.2^{bc}	3.0±0.1^a	16.2±0.1^a	6.6±0.4^{bc}	70.0	452

注：[*]通过差异计算碳水化合物。1 kcal=4 185.85 J。

5. 生物活性物质和抗氧化能力

小球藻中生物活性化合物可能有抗氧化能力和其他生物功能。添加 *A. platensis* 的饼干中存在藻青素，这是一种蓝色色素，由于其具有抗氧化活性，具有营养特性和健康益处。即使在热处理后，饼干中分别加入为 2%和 6%的小球藻含有藻青素含量为 172 mg/kg 和 363 mg/kg，因此小球藻生物量中约含有 10% 的藻青素（质量分数为 8.2%）。在前人的研究中，该色素已应用于水包油食品乳化剂的着色和功能成分，并被证明是一种强大的结构剂。

酚类化合物包括简单酚类、类黄酮、苯丙素、单宁酸、木质素、酚酸及其衍生物。酚类是次级代谢产物合成的被认为是最重要的天然抗氧化剂类别之一，并因其对健康的益处而受到消费者和食品制造商越来越多的关注。图 6.11 所示为微藻饼干中的酚含量和微藻生物量。*A. platensis* 饼干中总酚含量最高（*P* < 0.05），其次为 *T. suecica*、*P. tricornutum* 和 *C. vulgaris*。

添加小球藻可以有效地补充酚类化合物，而在对照饼干中不存在酚类化合物。添加 6% 的 *A. platensis* 饼干中酚含量最高，其次是 6% *P. tricornutum* 饼干，与藻类组成一致。添加 2% *A. platensis* 和 *P. tricornutum* 饼干的酚含量明显高于添加最高浓度叶绿素藻类（*C. vulgaris* 和 *T. suecica*）。在 110 ℃ 经过 40 min 的烘烤后，叶绿素类藻类的酚类损失率较高，*C. vulgaris* 为 50%，*T. suecica* 为 80%。另外，添加 *P. tricornutum* 的饼干在烘烤后总酚含量较高，微藻生物量没有明显的损失。*P. tricornutum* 的不同细胞壁（根据形态表现为硅带或无定形硅基质）可能比其他微藻具有更高保护酚类物质热降解的作用。因此 *P. tricornutum* 可作为未来小球藻饼干开发的主要成分。

小球藻的生物量和抗氧化能力如图 6.11（a）和图 6.11（b）所示，*P. tricornutum* 抗氧化能力最高，其次是 *C. vulgaris*、*A. platensis* 和 *T. suecica*。除了酚类外，*P. tricornutum* 还富含类胡萝卜素和岩藻黄质，这是一种具有多种生物活性的珍贵色素，如抗氧化活性。与其他小球藻相比，绿色小球藻类（如 *Chlorella* 和 *Tetraselmis*）含有高含量的、具有抗氧化活性的叶绿素（a 和 b）和维生素 E，具有抗氧化活性的化合物，如生育酚和生育三烯酚类。与对照组相比，即使加入最低剂量的小球藻也显著提高了所有以小球藻为基础的饼干的抗氧化能力（*P* < 0.05）。当添加质量分数从 2% 增加到 6% 时，所有小球藻饼干的抗氧化能力均显著提高，但在相同的生物量浓度下，4 种微藻饼干的抗氧化能力没有显著差异（*P* < 0.05）。总体而言，含有 2% 藻类的饼干值抗氧化值与对照组相比分别为增加 65% 和 125%，而含有 6% 藻类的饼干抗氧化值与对照组相比分别增加 178% 和 262%。

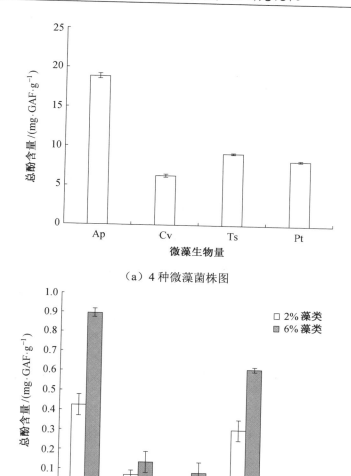

（a）4 种微藻菌株图

（b）具有不同水平的微藻

图 6.11　小球藻的生物量和抗氧化能力结果

（结果表示为平均值±标准偏差（$n=3$））

P. tricornutum 饼干中抗氧化能力在烘烤后损失较大。在 *P. tricornutum* 饼干中观察到的抗氧化活性降低可以归因于烘焙时色素的损失，特别是岩藻黄质的降解，岩藻黄质是一种对光、氧和高温敏感的不稳定分子。事实上，这个样品在烹饪时也会变色。如图 6.12 所示为 4 种微藻菌株和在具有不同水平的微藻的抗氧化能力。

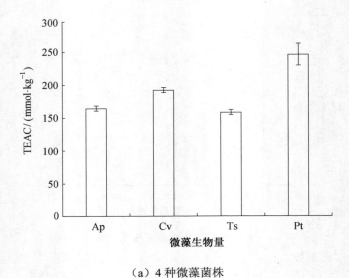

（a）4种微藻菌株

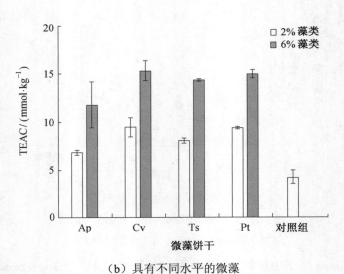

（b）具有不同水平的微藻

图 6.12　TEAC 结果

（Ap—*A. platensis*；Cv—*C. vulgaris*；Ts—*T. suecica*；Pt—*P. tricornutum*。TEAC 表示每 kg mmol
Trolox 等效抗氧化能力，mmol/kg。结果表示为平均值±标准偏差（*n*=3））

6. 体外消化率

体外消化率分析再现了发生在单胃消化系统近端通道的化学-酶催化作用。藻类消化率方面的研究多为大型藻类的测试，对小球藻类消化率的研究较少。

体外消化率（IVD）结果如图 6.13 所示。*T. suecica* 和 *P. tricornutum* 的体外消化率最低，大约为 50%。被测小球藻之间的差异可能与它们不同的细胞壁结构有关。小藻饼干的体外消化率与对照无显著差异。

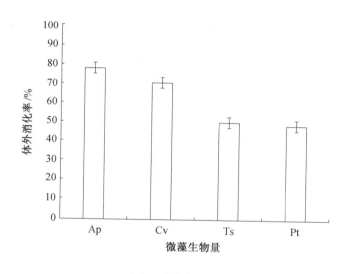

（a）4 种微藻菌株

图 6.13　体外消化率（IVD）结果

（Ap—*A. platensis*；Cv—*C. vulgaris*；Ts—*T. suecica*；Pt—*P. tricornutum*。结果表示为平均值±标准偏差（*n*=3））

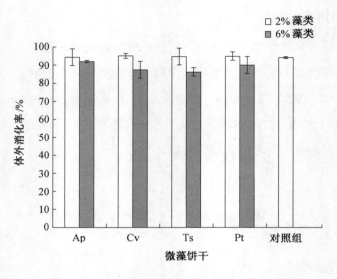

（b）具有不同水平的微藻

续图 6.13

7. 感官评价

分别对添加 2% 和 6% 的 *A. platensis* 和 *C. vulgaris* 饼干进行感官分析。这两种小球藻与其他小球藻相比已经被广泛应用于食物，它们在食品市场上的存在更多。此外，研究发现 *T. suecica* 和 *P. tricornutum* 具有非常强烈的鱼味，所以它们不太受欢迎。

图 6.14 所示为感官参数的平均得分。添加 6% 的 *C. vulgaris* 饼干评价较低。在颜色方面，2% 的 *C. vulgaris* 饼干更受欢迎，而在气味方面，品尝者更喜欢 *A. platensis* 饼干。在质地方面，添加 2% 和 6% 的 *A. platensis* 饼干与添加 2% 的 *C. vulgaris* 饼干无显著差异，添加 6% 的 *C. vulgaris* 饼干的评价较低。在口味和整体评价方面，偏好的饼干是添加 2% 的 *A. platensis* 饼干，而 6% 的 *A. platensis* 和 2% 的 *C. vulgaris* 得分相似。从图 6.14 中还可以看出，所分析的感官属性的平均值达到（最大值）4 级，对应于"愉快"。

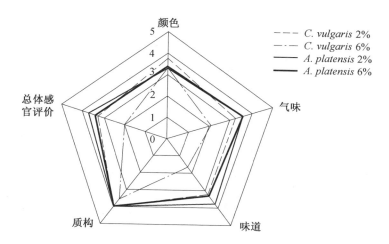

图 6.14　感官分析组品尝者品尝（*N*=40）不同含量 *A. platensis* 和 *C. vulgaris* 的饼干

0—非常不愉快；1—不愉快；2—有点不愉快；3—略带愉悦；4—愉快；5—非常愉快

　　许多研究发现，以小球藻为基础的产品，如意大利面、饼干或酸奶的感官分析结果显示，这些产品普遍受到欢迎。

　　图 6.15 显示品尝者购买意向相关的情况。含有 2% 的 *A. platensis* 的饼干结果表明，46% 的品尝者"可能会买"，22% 的品尝者"肯定会买"，这是最受欢迎的饼干。另外，含有 6% 的 *A. platensis* 和 2% 的 *C. vulgaris* 饼干 39% 和 37% 的品尝者"可能会买"。这款添加 6% 的 *C. vulgaris* 饼干较不受欢迎，39% 的品尝者表示"肯定不会买"，34% 的人表示"可能不会买"。

　　在感官分析表中，2% 的 *A. platensis* 饼干是最酥脆、更美味、口味最均衡的。对于含有 6% *A. platensis* 的饼干，品尝者认为颜色太深，但口感非常好。含有 2% 的 *C. vulgaris* 饼干，具有最吸引人的颜色，但有一种奇怪的残留味道。对于添加 6% 的 *C. vulgaris* 饼干，品尝者认为它有一种非常强烈的鱼腥味，并延续了回味的感觉。

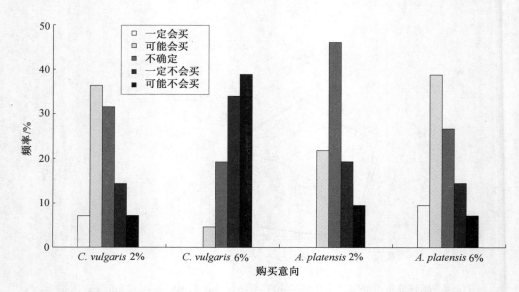

图 6.15　感官分析品尝者（*N*=40）*A. platensis* 和 *C. vulgaris* 的饼干购买的意图

6. 3. 3　小球藻片剂

1. 配料粉末特性

为确定本书所用原料的质量，对粉末特性进行了分析。这些特性与压片过程中粉末的直接压缩有着相关性。

含水率是粉体流动性的重要指标，因此对其测定具有重要意义。含水率值见表6.5，小球藻粉和仙人掌粉的含水率分别为 5.55% 和 5.00%，与用于片剂配方的其他水果粉如火龙果（5.09%）、番石榴（5.31%）、绿杞果（4.26%）和成熟杞果（4.31%）相比，这些值处于典型范围内。

仙人掌粉的含水率高于小球藻，说明仙人掌粉比小球藻具有更强的吸湿性。这种差异来源于不同粉末之间含糖量不同。

粉末的含水率可以通过降低堆积密度和影响压缩后质量的体积减小来影响片剂强度。然而，由于片剂不能通过粉末的直接压缩获得，因此评估粉末的含水率不太可能影响压片特性。

表 6.5　原料的粉末性质

材料特性	小球藻粉	仙人掌粉
含水率/%	5.55±0.31	5.00±0.59
水分活度（Aw）	0.22±0.05	0.44±0.01
堆积密度/（kg·m⁻³）	596.32±44.87	407.66±31.00
振实密度/（kg·m⁻³）	737.42±21.23	472.79±41.47
卡尔指数（CI）/%	19.18±4.28	13.71±1.25
豪斯纳比率（HR）	1.24±0.06	1.15±0.01
平均粒径（$D50$）/μm	42.21	57.48

然而，在这项研究中，含水率的量化和控制将有助于工艺设计，以保持粉末的足够流动性。众所周知，由于颗粒之间形成了液桥，含水率会影响粉末的黏聚力。增加水分可能会导致粉末团聚、流动性降低和结块。

关于食品粉末的微生物稳定性，研究表明，含水率值低于 10 %，水分活度低于 0.6，产品在微生物方面是稳定的。所研究的两种粉末的测定值均低于这一限值，表明腐败微生物和病原菌没有最佳的生长。

卡尔指数（CI）和豪斯纳比率（HR）都是衡量粉末流动性的指标，与压片过程直接相关。根据 CI 和 HR 高的值表明，两种粉末的流动性都很差，这可能与它们的物理性质有关。

与仙人掌粉相比，小球藻的 HR 更高，这些材料被认为是中等流动的粉末，因此很容易压缩，可能会形成很强的黏结。将这些值与其他性质相似的补充粉进行了比较，得出鲜杞果和成熟杞果的 HR 分别为 1.30 和 1.43。这些值已经与其他补充粉末青杞果粉（HR=1.30±0.01；CI%=22.91±0.14）、成熟杞果粉（HR=1.32±0.01；CI%=24.45±0.29）、火龙果粉（HR=1.53；CI%=34.87）、番石榴粉（HR=1.37；CI%=27.19）、无花果提取物粉（HR=1.43±0.03；HR=1.53；CI%=27.19）等进行了比较，在这些粉末中发现了类似的特性。

颗粒大小对粉末流动性也有很大影响。一般来说，颗粒大小影响粉末的压实行为，从而直接关系到最终产品的质量。小球藻的粒径为42 μm，仙人掌的粒径为57 μm。这些值比其他一些文献报道的要低。此外，可以假设，由于获得的小球藻和仙人掌的颗粒大小，可以表现为黏性粉末，可能会导致结块问题出现。

2. 初步压片结果

仙人掌和小球藻粉末单独采用直接压片的方法制成片剂，无须高剪切湿法制粒。在直接压片中，为获得均匀的产品，干粉必须均匀地流入片剂模具中，否则将是直接压片中遇到的主要问题。与化学性质相比，粉末的物理性质对其流动性的影响更大。并且粉末流动性还取决于物料的处理、储存或加工。结果表明，仙人掌粉流入口模的能力较差、片剂较薄、硬度较低，这可能与仙人掌粉的物理性质有关。小球藻粉末可自由流动，片剂具有可接受的性能，如质量均匀性。总体而言，表明在压片前进行造粒的操作是有必要的。

由于主要目的是用这两种粉末生产天然片剂，因此选择在压片之前进行湿造粒。造粒过程改善了流动性和黏聚力，减少了灰尘和交叉污染，并允许在不损失均匀性的情况下处理粉末混合物。

制粒工艺采用 70%：30%（质量分数）的粉料（仙人掌和小球藻）和蒸馏水，以保持产品的纯度，作为一种天然的健康补充剂。经过试验，采用以下控制参数：叶轮转速为 100 r/min，切割机转速为 500 r/min，10 mL/min 的润湿率和65%（质量分数）的水总量。采用两种不同的磨粒设置，最终粒度分别为447.79 μm 和425.12 μm。制得的片剂标称厚度为 5.5 mm，质量为 500 mg。这些结果表明，与小球藻和仙人掌粉（前面讨论过）相比，HSWG 的使用增加了颗粒的流动性和粒径分布。结果表明，上述造粒参数的设置虽然不具有最佳的性能（特别是片剂硬度较低），但仍可获得可行的片剂，这些设置被视为基准位置。

3. 制粒工艺参数对片剂性能的影响

采用正交试验设计以评估叶轮速度、切碎机速度、润湿速度和搅拌时间等制粒工艺参数是否对片剂的 3 个质量属性（硬度、脆碎度和崩解时间）产生影响。结果见表 6.6 和表 6.7。所有 4 个造粒参数都表明在 95 ％水平上对片剂特性有显著影响（数据未显示），即所有 4 个造粒因素对所有 3 个片剂质量参数都有显著意义。抗拉强度被定义为本书中最重要的片剂参数，根据 L_9 正交设计获得的试验值显示针对每组测试条件获得的响应，可以观察到对片剂特性影响最大的因素是润湿率，其他因素均有统计学意义。

表 6.6　根据试验设计得到的片剂的物理特性

序号	湿法造粒因素				响应值		
	叶轮转速 /(r·min⁻¹)	切碎机速度 /(r·min⁻¹)	润湿速度/ (mL·min⁻¹)	混合时间 /min	抗拉强度/MPa	崩解时间/min	脆碎度/%
1	50	500	12	4	0.54±0.04	10.54	0.37
2	50	700	14	6	0.88±0.05	22.20	0.16
3	50	900	10	2	0.87±0.03	19.54	0.32
4	100	500	14	2	0.80±0.04	16.56	0.32
5	100	700	10	4	0.91±0.05	22.30	0.32
6	100	900	12	6	0.40±0.03	8.09	0.81
7	150	500	10	6	0.86±0.05	28.36	0.19
8	150	700	12	2	0.53±0.02	11.53	0.32
9	150	900	14	4	0.74±0.03	16.20	0.23

表 6.7　影响片剂抗拉强度的主要因素方差分析

因素	SS	df	F	P
叶轮转速/(r·min⁻¹)	6.565	2	5.508	0.004 8
切碎机速度/(r·min⁻¹)	32.699	2	27.413	0.000 0
润湿速度/（mL·min⁻¹）	516.855	2	433.583	0.000 0
混合时间/min	10.374	2	8.703	0.000 2
误差	101.920	171		
总数	668.413			

除了使用相同润湿速率（12 mL/min）的 1、6 和 8 次运行外，所有试验都观察到硬度有所提高。计算抗拉强度是为了考虑试验过程中片剂尺寸的变化。抗拉强度在 0.40～0.91 MPa 的范围内。据报道使用果粉有类似的结果，表明造粒方法可以制造出比直接压片更高强度的片剂。

崩解时间为 8.09～28.36 min，这些值与几位学者报告的范围一致。苏亚雷斯等人报道了来自紫丁香粉片剂的崩解时间在 6～12 min 的范围内。

片剂的脆碎度在 0.16%～0.81% 之间，所有片剂在脆性试验中的质量损失都低于 1% 的可接受水平，说明了配方片剂抗拉强度的主效应方差分析结果。计算的 F 值表明，所分析的因素对片剂的抗张强度有统计学意义影响。润湿率对抗拉强度的影响最大（77.3%），其次是切碎机速度（4.9%）、搅拌时间（1.5%）和叶轮速度（1.0%）。

对颗粒大小和堆积密度等其他物理特性的数据分析（未显示数据）表明，评估的参数对堆积密度值也有类似的影响。因此，可能抗拉强度与堆积密度相关。另外，未发现抗拉强度和粒径之间存在相关性。

4. 片剂性质相关性研究

一般来说，片剂的抗拉强度与易碎性和崩解时间呈直接相关（图 6.16）。抗拉强度高的片剂表现出较低的脆值，而崩解时间随着片剂抗拉强度的增加而增加。在崩解时间方面，抗拉强度高的片剂崩解时间较长（（22.30±0.32）min）。这种崩解时间行为可能是由于高度吸湿性的性质，在表面形成凝胶，防止水渗透到片剂中。片剂崩解时间约为 22 min，说明崩解时间是合适的。结果表明，湿法制粒对片剂质量参数有影响，可获得特性在推荐含量范围内的片剂。

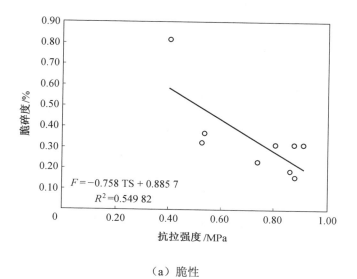

（a）脆性

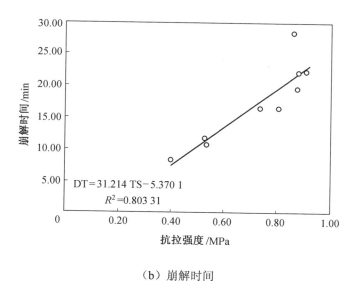

（b）崩解时间

图 6.16　抗拉强度（TS）与小球藻和仙人掌片的脆性和崩解时间（DT）之间的关系

抗拉强度与脆性之间存在线性关系，但拟合系数较差。脆性随着抗拉强度的增加而降低，在高抗拉强度下表现出更致密的片剂结构，说明了抗拉强度和崩解时间之间的关系，其中得到了一个很好的拟合系数。

5. 优化工艺以提高片剂的质量属性

正交试验方法使 4 个造粒参数的设置成为可能，这些参数将给出最佳的片剂性能。预测设计中没有使用的组合（特别是被认为是最好的组合，如果它不是使用的组合之一）的结果和预测的置信区间是至关重要的，然后在这些条件下运行验证测试。如果验证条件集的试验结果在预测响应的置信区间内，则允许忽略交互效应。

各参数的最佳值见表 6.8。在优化条件下，即叶轮转速 50 r/min、切碎机转速 700 r/min、润湿速率 10 mL/min 和混合时间 2 min，试验重复 3 次。在这些条件下获得了抗拉强度、临界属性和变异性。抗拉强度（（0.91±0.05）MPa）与模型预测值（0.97 MPa）吻合较好，验证了模型的有效性。统计优化后的崩解时间（（24.67±2.03）min）、脆碎度（0.05%±0.02%）等临界值与优化前相比均有不同程度的提高。

表 6.8　小球藻和仙人掌片的优化条件

因素	值
叶轮转速/(r·min^{-1})	50
切碎机速度/(r·min^{-1})	700
润湿速度/(mL·min^{-1})	10
混合时间/min	2
抗拉强度/MPa	0.91±0.05
脆碎度/%	0.05±0.02
崩解时间/min	24.67±2.03

6.4　本章小结

6.4.1　小球藻面包

根据目前的结果，基于经验和基础试验，发现添加小球藻对面包面团的流变特性有影响，这取决于浓度水平：小球藻添加量大于 3 g/100 g 时，观察到对黏弹性有积极影响，并且可以加强面筋网络。这种行为也得到粉质仪吸水性增加的支持，可能是由于小球藻蛋白水合需要更多的水。在此浓度范围内，面团韧性/面团延展性（P/L）比在适合烘焙的值范围内。添加生物质不会对酵母发酵动力学产生影响，也不会对发酵所需时间产生影响。在这个小球藻含量范围内，面包硬度接近于小麦面包参考值，并且观察到类似的老化动力学。从商业目的来看，总体而言，小球藻添加量 3 g/100 g 的面包外观良好，但随着小球藻含量的增加，整体外观明显下降。

由于小球藻众所周知的功能，利用小球藻作为食品成分是一种很有前途的方法，面包中添加小球藻可以丰富面包中的生物活性物质，但也应注意小球藻添加量的控制。小球藻添加量在 3 g/100 g 以上时可以使面团的强度、韧性（弹性）更低、伸长率更高，从而限制了面包的面团韧性/面团延展性（P/L）比。但是，在这种情况下混合物仍然可以用于产品的生产，如饼干，这需要较低的面团韧性/面团延展性（P/L）值。

6.4.2　小球藻饼干

添加小球藻作为主要原料，使饼干具有诱人和创新的外观。从蓝绿色（*A. platensis*）到棕绿色（*P. tricornutum*）的稳定的绿色色调变化，取决于使用的小球藻种类。在饼干质地方面，*A. platensis* 有显著的结构效应。总体而言，小球藻质量分数从 2% 增加到 6%，饼干总酚含量和抗氧化能力显著提高（$P < 0.05$），而消化率与对照饼干无显著差异。*A. platensis* 饼干感官评分最高，蛋白质和酚含量较高。这项研究表明，基于小球藻的饼干在未来可能会成为广泛认可和消费的功能食品。

6.4.3　小球藻片剂

仙人掌和小球藻可成功用于生产保健品。片剂处方采用湿法制粒，不添加辅料。与现成的商业天然片剂相比，片剂具有类似的质量属性，包括抗拉强度、崩解时间和脆碎度。这项研究展示了一条在天然市场上开发新营养片的工艺路线，其中包括新的健康成分。

第 7 章　结论与建议

7.1　结　　论

本书以小球藻粉为主要原料，优化了复合酶法提取小球藻粗多糖的工艺条件，对粗多糖进行分离纯化与初步鉴定后，系统表征出纯化多糖的组成成分、结构特征、理化性质等，在此基础上制备了小球藻多糖口服液、小球藻多肽口服液及小球藻面条，并分析了不同产品的基本性质与抗氧化活性，为小球藻多糖的进一步开发应用奠定基础。主要结论如下。

（1）以小球藻粗多糖提取率为指标，依据单因素试验结果确定出响应面优化的试验条件范围为，液料比 15：1～25：1、复合酶添加量 1%～2%、pH=4～6、酶解温度 30～50 ℃。响应曲面分析得出，液料比与 pH 的交互作用对粗多糖提取率的影响显著，其余交互作用对粗多糖提取率的影响均不显著。响应面与验证试验确定的较优提取条件为，液料比 20：1、复合酶添加量 1.45%、pH=5、酶解温度为 39 ℃，此时小球藻粗多糖的提取率可达到 6.56%。

（2）对比两种不同的脱蛋白方法发现，在获得高提取率多糖 F 的基础上，Sevage 法可以达到高效脱除蛋白质的效果。经多次阴离子交换柱层析确定，以 DEAE Sepharose Fast Flow 为填料可获得不同组分的多糖 F_1、F_2、F_3，其中 F_2 为淡黄色，其余均为乳白色。另外，紫外扫描与 Sephadex G-200 柱层析进一步表明纯化多糖均为几乎不含蛋白质的均一性多糖。

（3）从小球藻多糖 F 中分离出的 3 种纯化多糖组分，即 F_1、F_2 与 F_3。其中 F_2 的提取率最高，占多糖 F 组分的 51.91%。与多糖 F 相比，纯化多糖的总糖含量均有显著提升，基本可达 70%以上，但糖醛酸含量均有所降低。3 种纯化多糖组分中，F_1 具有最高的总糖含量与最低的分子量（MW 27.15 ku），F_2 的糖醛酸含量最高且分子量适中（MW 1.058×10^3 ku），F_3 含有最高的硫酸根含量与分子量（MW 5.576×10^3 ku）。

不同组分的小球藻多糖在结构特性上具有显著的差异性。F_1 呈纤维细丝状，以 Gal、Glu、Man 为主要单糖。F_2 表现出交叉连接的立体网状结构，其中 Gal、Fuc、Rha 的占比较高。低放大倍数下，F_3 与 F 的微观结构相似，均以片状堆积为主，扩大放大倍数后 F 展示出柱状结构，而 F_3 的表面含有不规则的凸起与凹陷，且主要是由 Rha、Ara、Gal 组成。FT-IR 显示小球藻多糖均含有包括 O—H、C—H、C=O 等官能团在内的特征性吸收峰，其中纯化多糖均含有孤立甲基，F_1 与 F_3 中存在亚甲基，但仅 F_3 中含有 α-吡喃糖。另外，纯化多糖在水溶液中主要以无规则线团链构象的形式存在。通过系统分析证实了小球藻多糖是含有硫酸基团且以 Gal 为主的杂多糖。

通过对纯化多糖的热学性质分析发现，在 38.8～800 ℃ 的升温过程中，温度低于 180 ℃ 时，多糖除了水分蒸发外基本保持稳定。流变学特性分析结果表明，F_2 与 F_3 为假塑性流体，表现出黏度随剪切速率的增加而减小，F_1 的这种变化趋势相对较弱，为弱的假塑性流体。同时，纯化多糖在动态黏弹性变化中展示出固体的弹性行为，意味着小球藻多糖是一类非凝胶型多糖。纯化多糖中，F_1 表现出较为理想的清除 ABTS$^+\cdot$与·OH 能力，而 F_2 具有较高的 DPPH·与 $O_2^-\cdot$ 清除活性。

（4）单因素试验表明，在有效保留多糖成分的基础上，β-环状糊精的脱腥效果较好，Ⅱ型 ZTC1＋1 天然澄清剂可使得溶液透光率达 90%以上。通过综合评价与正交试验，确定小球藻多糖口服液制备工艺条件为，β-环状糊精 27.5 mg/mL，Ⅱ型 ZTC1+1 天然澄清剂 3% A、6% B，每 15 mL 小球藻多糖澄清液中辅料添加量为 750 mg 蜂蜜、75 mg 白砂糖、15 mg 柠檬酸。依据较优配方制备的小球藻多糖口服液呈淡黄色，澄清透明，酸甜可口。

较优制备工艺条件下获得的小球藻多糖口服液基本保持酸性，微生物含量符合标准要求。同时，此口服液也具有较强的体外抗氧化活性，对 DPPH·与·OH 清除能力可达90%以上，也表现出一定清除ABTS$^+$·与O$_2^-$·能力。

（5）按一定的百分比添加小球藻粉来制作面条，由上述数据分析可知随着小球藻粉添加量的不断增加，面团的品质是随之下降的。

（6）通过以上试验可得出把明胶、沙蒿胶、海藻酸钠这 3 种食品添加剂加入到面条的配料中，均可以使面条的加工特性得到提升，其中蒸煮试验表明添加了明胶的面条的效果是最好的。

（7）本书采用正交试验对小球藻面条的生产加工工艺进行了优化，优化结果表明，小球藻粉的质量分数为小球藻和面粉总质量的 0.3%时，分别添加 0.80%的明胶、0.10%的海藻酸钠、0.10%的沙蒿胶。经过和面、熟化、轧面、切条与干燥等加工过程，可以制得品质较为理想的面条。

（8）研究了在小麦粉面团中添加小球藻对面团流变学和面包质构的影响。对每100 g 小麦粉中微藻含量在 1.0～5.0 g 之间的变化进行了测试，观察到添加 3.0 g 微藻生物量对面团流变学和黏弹性特性有积极的影响，并增强了面筋网络。较高的微藻含量对面团流变学、面包质构和风味都有负面影响，对面包老化有一定的促进作用，但添加生物量对酵母发酵动力学没有影响，对发酵时间也没有影响。

（9）选择高水平的藻类生物活性，测定了两个生物量水平并与2%（质量分数）和6%的对照组比较。所有微藻饼干的总酚含量和体外抗氧化能力均显著高于对照组（$P < 0.05$）。微藻饼干的体外消化率与对照无显著差异（$P < 0.05$）。

（10）以仙人掌粉和小球藻两种天然保健品为新原料，研制健康保健品片剂。对纯粉的物理机械性能进行了量化，并考查了其无须额外加工即可直接压片的能力。研究了高剪切湿造粒（HSWG），以改善粉体的流动性和压缩特性。采用 L$_9$（3^4）试验设计，考查了 HSWG 关键工艺参数对片剂质量属性的影响。湿制粒后无须添加辅料即可成功配制片剂。以 L$_9$（3^4）设计确定的最佳工艺条件为基础，生产出质量稳定、质量合格的片剂。片剂抗拉强度为 （0.91±0.05）MPa，崩解时间为 30 min，脆碎度为 0.05%±0.02%。本书获得的片剂在崩解时间、脆碎度和抗拉强度方面与市售天然补充片相当。本书为仙人掌（*Opuntia* spp.）和小球藻（*Chlorella* sp.）粉末作为新型成分开发膳食补充剂片剂和作为药用片剂的辅料提供了潜在的应用基础。

7.2 建 议

由于时间和个人能力有限，本书还有很多不完善的部分，建议后续工作可以从如下几方面开展。

（1）在后续的科研中可继续将其他几种多糖提取方法相结合或探索新型提取技术，研究其他因素对粗多糖提取率的影响，更大程度上提高粗多糖的提取率，提升小球藻的利用价值。

（2）本试验对多糖精细结构的特征还未探索，后期可将现代化分析技术应用于小球藻多糖的精细结构研究中，以确定多糖具体的分子结构。也可进一步研究多糖的体内生物活性及其机制。

（3）对小球藻多糖口服液的研究只分析了工艺条件与基本性质，为了可以更好地应用于工业生产，后续可继续研究此口服液的稳定性、储存期、毒理性等其他性质。

（4）小球藻具有丰富的营养成分和生物活性化合物，是未来食品材料的新来源，小球藻作为一种有前途的替代食品原料，可以用来提高食品的营养和技术价值。

参 考 文 献

[1] PU C F, TANG W T. Encapsulation of lycopene in *Chlorella* pyrenoidosa: loading properties and stability improvement [J]. Food Chemistry, 2017, 235: 283-289.

[2] 王旭浩. 海水小球藻和杜氏盐藻作为海洋环境检测指标生物的分析[D]. 大连: 辽宁师范大学, 2016.

[3] SHENG J, YU F, XIN Z, et al. Preparation, identification and their antitumor activities in vitro of polysaccharides from *Chlorella* pyrenoidosa [J]. Food chemistry, 2007, 105(2): 533-539.

[4] NOWACKA-JECHALKE N, NOWAK R, JUDA M, et al. New biological activity of the polysaccharide fraction from *Cantharellus* cibarius and its structural characterization [J]. Food Chemistry, 2018, 268: 355-361.

[5] SARAVANA P S, CHO Y N, PATIL M P, et al. Hydrothermal degradation of seaweed polysaccharide: characterization and biological activities [J]. Food Chemistry, 2018, 268: 179-187.

[6] 黄鑫. 不同制备条件对甜菜果胶理化特性的影响及其应用研究[D]. 北京: 中国农业大学, 2017.

[7] GRACA C, FRADINHO P, SOUSA I, et al. Impact of *Chlorella* vulgaris on the rheology of wheat flour dough and bread texture [J]. Food Industry, 2018, 89: 466-474.

[8] 庞庭才, 胡上英, 黄海, 等. 小球藻饼干的研制[J]. 食品工业, 2017, 38(12): 19-22.

[9] 李家泳, 刘锐, 刘晖, 等. 蛋白核小球藻韧性饼干加工工艺研究[J]. 食品工业, 2017, 38(3): 35-39.

[10] 庞庭才，胡上英，熊拯，等. 小球藻保健饮料的研制[J]. 食品工业科技, 2015, 36(7): 252-256.

[11] PANAHI Y, DARVISHI B, JOWZI N, et al. *Chlorella* vulgaris: a multifunctional dietary supplement with diverse medicinal properties [J]. Current Pharmaceutical Design, 2016, 22: 164-173.

[12] CHAIKLAHAN R, CHIRASUWAN N, TRIRATANA P, et al. Polysaccharide extraction from *Spirulina* sp. and its antioxidant capacity [J]. International Journal of Biological Macromolecules, 2013, 58: 73-78.

[13] 张杨，苏东洋，张拥军，等. 基于抑制 α-淀粉酶酶活的小球藻多糖提取工艺优化[J]. 食品与机械, 2013, 29(4): 128-132.

[14] SU D, ZHANG Y, ZHANG G, et al. Optimize the extract of polysaccharides from *Chlorella* pyrenoidosa based on inhibitory effects of saccharase[J]. Advance Journal of Food Science and Technology, 2016, 10(1): 53-58.

[15] 王彦平，宿时，陈月英. 紫山药多糖超声结合酶法提取工艺优化及抗氧化活性研究[J]. 食品工业科技, 2017, 38(8): 189-198.

[16] 魏文志，付立霞，陈国宏，等. 基于冻融辅助超声波法的小球藻多糖提取工艺优化[J]. 农业工程学报, 2012, 28(16): 270-273.

[17] 李霞，雄峰，覃献杏，等. 西番莲果皮多糖微波辅助提取工艺优化及其体外抗氧化性[J]. 食品工业科技, 2018, 39(15): 141-146.

[18] MA F Y, WANG D K, ZHANG Y, et al. Characterisation of the mucilage polysaccharides from *Dioscorea* opposita Thunb. with enzymatic hydrolysis [J]. Food Chemistry, 2018, 245: 13-21.

[19] 王雪飞，张华，王振宇. 响应面法优化黄柏花粉多糖的脱蛋白工艺及其抗氧化活性[J]. 食品工业, 2018, 39(4): 7-12.

[20] ZENG X T, LI P Y, CHEN X, et al. Effects of deproteinization methods on primary structure and antioxidant activity of *Ganoderma* lucidum polysaccharides [J].

International Journal of Biological Macromolecules, 2019, 126: 867-876.

[21] 高尊. 毛葱水溶性多糖的提取、纯化及其降血脂的研究[D]. 长春: 吉林农业大学, 2018.

[22] 赵小霞. 小球藻多糖的制备及芦苇生物活性成分的研究[D]. 大连: 大连海洋大学, 2014.

[23] 赵婧. 南瓜酸性多糖的结构解析及其与功能蛋白的相互作用[D]. 北京: 中国农业大学, 2017.

[24] 贾敬, 徐殿胜, 庄秀园, 等. 小球藻热水提取物功能成分的活性跟踪分离[J]. 生物工程学报, 2017, 33(5): 743-756.

[25] 窦佩娟. 水提和碱提茶树菇多糖的结构、溶液行为及生物活性研究的比较[D]. 西安: 陕西师范大学, 2012.

[26] 孙宁. 姬松茸多糖的提取、结构表征及其在饮料中的应用研究[D]. 哈尔滨: 哈尔滨商业大学, 2017.

[27] 张翼飞, 刘志凯, 林雨晟, 等. 小香加皮精多糖的单糖组成、热重和热裂解分析[J]. 食品工业科技, 2019, 40(6): 256-262.

[28] 冯蕾. 决明子水溶性多糖的精细结构、构象特征及其流变行为研究[D]. 南昌: 南昌大学, 2017.

[29] 杨慧娇, 蔡志祥, 张宏斌, 等. 水溶性大豆多糖的分子表征和溶液流变学性质[J]. 食品科学, 2016, 37(1): 1-5.

[30] HUANG F, LIU Y, ZHANG R F, et al. Chemical and rheological properties of polysaccharides from *Litchi* pulp[J]. International Journal of Biological Macromolecules, 2018, 112: 968-975.

[31] 段梦颖. 聚合草多糖的提取、纯化及理化性质研究[D]. 长春: 吉林农业大学, 2018.

[32] 唐伟敏. 芜菁多糖和玛咖多糖的化学结构及疲劳作用比较研究[D]. 杭州: 浙江大学, 2017.

[33] 韩雨露. 仙人掌多糖的结构表征、理化性质及抗氧化活性研究[D]. 合肥: 合肥工业大学, 2017.

[34] 冯鑫, 夏宁, 陈桂堂, 等. 生姜皮多糖的分离纯化及其结构组成分析[J]. 食品科学, 2017, 38(6): 185-190.

[35] 郭振楚. 糖类化学[M]. 北京: 化学工业出版社, 2005.

[36] CHEN P B, WANG H C, LIU Y W, et al. Immunomodulatory activities of polysaccharides from *Chlorella* pyrenoidosa in a mouse model of Parkinson's disease[J]. Science Direct, 2014, 11: 103-113.

[37] YU J, JI H Y, YANG Z Z, et al. Relationship between structural properties and antitumor activity of *Astragalus* polysaccharides extracted with different temperatures[J]. International Journal of Biological Macromolecules, 2019, 124: 469-477.

[38] CHEN Y, LIU X, WU L, et al. Physicochemical characterization of polysaccharides from *Chlorella* pyrenoidosa and its anti-ageing effects in *Drosophila* melanogaster[J]. Carbohydrate Polymers, 2018, 185: 120-126.

[39] 史坤, 张旗, 王娜, 等. 小球藻和螺旋藻的营养成分及其降血糖活性比较[J]. 食品研究与开发, 2015, 36(10): 121-125.

[40] 李慧琳. 不同酵母多糖在"霞多丽"干白葡萄酒酿造中的应用研究[D]. 兰州: 甘肃农业大学, 2018.

[41] 陈艳, 王杰, 李慧, 等. 黄精多糖的闪式提取及对乳酸菌发酵特性的影响[J]. 食品工业, 2017, 38(6): 161-165.

[42] 孙帆. 桦褐孔菌多糖提高免疫力活性研究与系列产品开发[D]. 长春: 吉林农业大学, 2018.

[43] 方元. 大枣多糖的提取与产品开发[D]. 乌鲁木齐: 新疆农业大学, 2014.

[44] 刘妍. 两种微藻多糖的提取及其在可食性膜中的应用[D]. 咸阳: 西北农林科技大学, 2015.

[45] 司徒文贝，梁妍，陈晓玲，等. 交联壳聚糖薄膜及其水凝胶骨架片的制备与控释性能探讨[J]. 现代食品科技，2017，33(8): 155-160.

[46] 孟凡冰，李云成，钟耕，等. 辛烯基琥珀酸多糖酯的制备、性质及在食品工业中的应用[J]. 食品工业科技，2017，38(6): 363-369.

[47] PANDEY A, BELWA T, SEKAR K C, et al. Optimization of ultrasonic-assisted extraction (UAE) of phenolics andantioxidant compounds from rhizomes of rheum moorcroftianum using response surface methodology (RSM) [J]. Industrial Crops & Products, 2018, 119: 218-225.

[48] 王倩，吴啟南，许一鸣，等. 响应面法优化芡茎多糖脱蛋白工艺[J]. 食品工业科技，2018，39(18): 149-155.

[49] 宋伟康，尹学琼，周游，等. 响应面法优化超声波辅助提取叶托马尾藻多糖工艺及结构研究[J]. 食品科技，2017，42(10): 212-217.

[50] QI J, KIM S M. Effects of the molecular weight and protein and sulfate content of *Chlorella* ellipsoidea polysaccharides on their immunomodulatory activity[J]. International Journal of Biological Macromolecules, 2018, 107: 70-77.

[51] 张群. 裙带菜多糖提取纯化、结构及体外活性的初步探究[D]. 保定：河北农业大学，2017.

[52] 陈树俊，李佳益，王翠莲，等. 黄梨渣多糖的提取、分离纯化和结构鉴定[J]. 食品科学，2018，39(20): 278-286.

[53] LI N, LIU X, HE X, et al. Structure and anticoagulant property of a sulfated polysaccharide isolated from the green seaweed *Monostroma* angicava[J]. Carbohydrate Polymers, 2017, 159: 195-206.

[54] 黄峻榕，王倩，杨麒，等. 淀粉分子量的测定及其与物化性质关系的研究进展[J]. 食品研究与开发，2018，39(20): 278-286.

[55] JAFARI Y, SABAHI H, RAHAIE M. Stability and loading properties of curcumin encapsulated in *Chlorella* vulgaris [J]. Food Chemistry, 2016, 211: 700-706.

[56] 陈兵兵，王振斌. 葛根多糖的基本理化特性研究[J]. 食品研究与开发, 2016, 37(15): 10-13.

[57] 郑禾彬，张光玲，庄晨俊，等. 不同基材对油性食品可食包装膜性能的影响[J]. 食品研究与开发, 2018, 39(13): 18-23.

[58] 位元元，张洪斌，马爱勤，等. 透明质酸多糖增稠适用于吞咽困难的肠内营养制剂及其流变学性质[J]. 食品科学, 2019, 10(1): 50-55.

[59] KUMAR C S, SIVAKUMAR M, RUCKMANI K. Microwave-assisted extraction of polysaccharides from *Cyphomandra* betacea and its biological activities [J]. International Journal of Biological Macromolecules, 2016, 92: 682-693.

[60] THAMBIRAJ S R, PHILLIPS M, KOYYALAMUDI S R. Yellow lupin (*Lupinus luteus* L.) polysaccharides: antioxidant,immunomodulatory and prebiotic activities and their structural characterisation [J]. Food Chemistry, 2018, 267: 319-328.

[61] ARUN J, SELVAKUMAR S, SATHISHKUMAR R, et al. In vitro antioxidant activities of an exopolysaccharide from a salt pan bacterium *Halolactibacillus miurensis* [J]. Carbohydrate Polymers, 2017, 155: 400-406.

[62] 宋佳敏，王鸿飞，孙朦，等. 响应面法优化金蝉花多糖提取工艺及抗氧化活性分析[J]. 食品科学, 2018, 39(4): 275-281.

[63] 刘艳. 裙牡蛎酶解液的制备、脱腥及其抗氧化活性评价[D]. 海口: 海南大学, 2016.

[64] 刘贺. 澄清型红枣原浆工艺研究[D]. 大连: 大连工业大学, 2014.

[65] 荆添娇. 蛹虫草发酵工艺优化、口服液制备及其活性研究[D]. 长春: 吉林大学, 2014.

[66] 刘洋，余冬阳，李美琪，等. 响应面法优化大兴安岭金莲花多糖提取工艺研究[J]. 食品研究与开发, 2017, 38(3): 46-51.

[67] 罗凯，黄秀芳，周毅峰，等. 响应面试验优化复合酶法提取碎米荠多糖工艺及其抗氧化活性[J]. 食品科学, 2017, 38(4): 237-242.

[68] HU H, ZHAO Q, PANG Z, et al. Optimization extraction, characterization and anticancer activities of polysaccharides from mango pomace [J]. International Journal of Biological Macromolecules, 2018, 117: 1314-1325.

[69] LI Y, XIN Y, XU F, et al. Maca polysaccharides: extraction optimization, structural features and anti-fatigue activities [J]. International Journal of Biological Macromolecules, 2018, 115: 618-624.

[70] JI X, PENG Q, YUAN Y, et al. Extraction and physicochemical properties of polysaccharides from *Ziziphus* jujuba cv. muzao by ultrasound-assisted aqueous two-phase extraction [J]. International Journal of Biological Macromolecules, 2018, 108: 541-549.

[71] 邬智高，翁少伟，康文迪，等. 黑木耳多糖几种脱蛋白方法的对比研究[J]. 食品工业, 2018, 39(6): 54-58.

[72] QI J, KIM S M. Characterization and immunomodulatory activities of polysaccharides extracted from green alga *Chlorella* ellipsoiden [J]. International Journal of Biological Macromolecules, 2017, 95: 106-114.

[73] BEMAERTS T M, GHEYSEN L, KYOMUGASHO C, et al. Comparison of microalgal biomasses as functional food ingredients: focus on the composition of cell wall related polysaccharides [J]. Algal Research, 2016, 32: 150-161.

[74] CHEN Y, LIU X Y, XIAO Z, et al. Antioxidant activities of polysaccharides obtained from *Chlorella* pyrenoidosa via different ethanol concentrations [J]. International Journal of Biological Macromolecules, 2016, 91: 505-509.

[75] SONG H, HE M, GU C, et al. Extraction optimization, purification, antioxidant activity, and preliminary structural characterization of crude polysaccharide from an arctic *Chlorella* sp [J]. Polymers, 2018, 10(292): 2-18.

[76] KAMARUDIN F, CAN C Y, MICKE G A, et al. Molecular structure, chemical properties and biological activities of pinto bean pod polysaccharide [J].

International Journal of Biological Macromolecules, 2016, 88: 280-287.

[77] CHEN G, CHEN K, ZHANG R, et al. Polysaccharides from bamboo shoots processing by-products: new insight into extraction and characterization [J]. Food Chemistry, 2018, 245: 1113-1123.

[78] NAWROCKA A, KREKORA M, NIEWIADOMSKI Z, et al. FTIR studies of gluten matrix dehydration after fibre polysaccharide addition [J]. Food Chemistry, 2018, 252: 198-206.

[79] 陈梦. 慈姑多糖的亚临界水萃取、结构表征及其免疫活性研究[D]. 镇江: 江苏大学, 2018.

[80] 任玮. 嗜热链球菌胞外多糖的制备、结构特征及流变特性研究[D]. 上海: 上海理工大学, 2016.

[81] 郭晓飞. 大豆皮果胶类多糖胶凝行为及精细结构的初步解析[D]. 锦州: 渤海大学, 2012.

[82] 苏攀峰, 唐庆九, 陈盛, 等. 葛仙米多糖理化性质和流变学特性的研究[J]. 食品工业科技, 2018, 39(14): 39-43.

[83] WU G H, HU T, LI Z, et al. In vitro antioxidant activities of the polysaccharides from *Pleurotus Tuber*-regium (Fr.) Sing [J]. Food Chemistry, 2014, 148: 351-356.

[84] 陈丽春, 邓勇, 夏晨琳, 等. 羊栖菜脱腥技术研究[J]. 食品研究与开发, 2015, 36(24): 103-107.

[85] 杨凯, 张淼, 胡乐, 等. 脱腥剂在我国鱼类脱腥处理中的研究进展[J].食品工业, 2018, 39(8): 217-220.

[86] 郝梅梅. 铁皮石斛口服液的研制及其生物有效性研究[D]. 天津: 天津科技大学, 2015.

[87] 秦萌. 香菇多糖口服液的制备[D]. 长春: 吉林农业大学, 2015.

[88] 刘贺, 朱靖博, 丁艳, 等. ZTC1+1-Ⅱ天然澄清剂用于红枣汁的澄清工艺研究[J]. 食品工业, 2014, 35(7): 123-126.

[89] 陈艺煊, 刘晓燕, 吴德胜, 等. 蛋白核小球藻酶法破壁优化及抗氧化活性研究
[J]. 食品工业, 2016, 37(3): 97-100.

[90] 李胜男, 徐红艳. 长白山胡桃楸种仁壳多糖精制及抗氧化作用研究[J]. 食品科
技, 2016, 41(10): 165-170.

[91] 刘凤路, 张福, 邸富荣, 等. 微藻复合多糖的抑菌及抗氧化研究[J]. 食品研究
与开发, 2017, 38(2): 16-22.

[92] 陈义勇, 赵培, 徐张益. 桦褐孔菌多糖 IOP3a 乙酰化修饰及其抗氧化活性[J]. 食
品工业, 2017, 38(12): 184-189.

[93] 苏平, 孙昕, 宋思圆, 等. 提取方法对黄秋葵花多糖的结构组成及抗氧化活性
的影响[J]. 食品科学, 2018, 39(15): 93-100.

[94] FAKHFAKH N, ABDELHEDI O, JDIR H, et al. Isolation of polysaccharides from
Malva aegyptiaca and evaluation of their antioxidant and antibacterial properties [J].
International Journal of Biological Macromolecules, 2017, 105: 1519-1525.

[95] ZHANG L, HU Y, DUAN X, et al. Characterization and antioxidant activities of
polysaccharides from thirteen boletus mushrooms [J]. International Journal of
Biological Macromolecules, 2018, 113: 1-7.

[96] 王军辉, 徐金龙, 杜逸群, 等. 金钱菇多糖的流变学性质研究[J].食品工业科技,
2015, 36(3): 91-94.

[97] 林丽华. 凉粉草多糖提取优化、理化性质及流变胶凝特性研究[D]. 南昌: 南昌
大学, 2017.

[98] 王振华. 泥鳅脱腥方法及脱腥对泥鳅品质的影响[D]. 重庆: 西南大学, 2018.

[99] 刘扬, 张占雄. 多肽含量的测定方法的比较[J].内蒙古石油化工, 2008, 34(5):
65-65.

[100] 迟晓元, 路延笃, 王明清. 小球藻 A12 脂肪酸去饱和醉基因的克隆与序列分析
[J].海洋科学, 33(8): 11-20

[101] 李春燕, 孙雪, 杨锐. 两株蛋白核小球藻 rbcS cDNA 全序列的克隆和分析[J].

中国水产科学, 2010, 17(2): 357-362

[102] WIDJAJA A, CHIEN C C, JU Y H. Study of increasing lipid duction from fresh water microalgae *Chlorella*[J]. Taiwan institute of Chemical Engineers, 2009(1): 13-20.

[104] 师俊玲, 胡新中, 欧阳韶晖. 面条品质评价方法研究进展[J]. 西北农林科技大学学报, 2002, 30(1): 87-94.

[105] 任立焕. 马铃薯面条加工工艺的研究[D]. 天津: 天津科技大学，2017.

[106] 师俊玲, 魏益民. 蛋白质与淀粉含量对面条品质的影响研究[J].郑州工程学院学报, 2001, 22(1): 32-35.

[107] 马贵燕. 马铃薯全粉对面条品质的影响[D]. 郑州: 河南工业大学，2016.

[108] 郭祥想, 常悦, 李雪琴, 等. 加工工艺对马铃薯全粉面条品质影响的研究[J]. 食品工业科技，2016, 37(5):191-195, 200.

[109] 王宝贝, 蔡舒琳, 李丽婷, 等. 小球藻在食品中的应用研究进展[J]. 食品工业科技, 2017, 38(17): 341-346, 352.

[110] 许蒙蒙, 关二旗, 卞科. 谷朊粉和甘薯淀粉对面条品质的影响[J]. 粮食与饲料工业, 2015(3): 28-34.

[111] 豆康宁, 李玉兰, 刘少阳. 薏仁粉面条蒸煮品质特性的研究[J]. 现代面粉工业, 2014, 28(1): 14-16.

[112] 豆康宁, 王飞, 张臻. 对魔芋粉面条蒸煮品质特性的研究[J]. 粮食加工, 2013, 38(6): 43-45.

[113]牛巧娟, 陆启玉, 章绍兵, 等. 鲜湿燕麦面条的品质改良研究[J]. 食品科技, 2014, 39(2): 156-161.

[114] 金静, 李颖, 王远路, 等. 粗粮挂面感官质构及营养成分的对比分析[J]. 粮油食品科技, 2016, 24(2): 43-46.

[115] 刘丽宅. 马铃薯面条的研制与品质改良研究[D]. 哈尔滨: 哈尔滨商业大学，2017.